高等学校计算机类专业实践系列教材

HTML5 + CSS3 网页制作教程

主　编　金璐钰

副主编　邓春红　郭飞艳　崔爱国

参　编　齐　燕　黄紫青　胡玉峰

唐彩蓉　陈　曼

西安电子科技大学出版社

本书介绍静态网页制作的核心技术：HTML 和 CSS。其中，HTML 部分主要介绍了网页结构基础知识、常见的网页元素等，CSS 部分主要介绍了设置网页样式的基础知识、页面布局技术等。本书实例丰富，可帮助读者轻松地掌握网页制作技能。

本书编者结合自己多年的教学经验，将知识模块化，知识点的安排循序渐进，语言通俗易懂，更符合读者的学习习惯。

本书适合 Web 前端开发的初学者、高等院校相关专业学生以及对网页制作感兴趣的读者学习参考。

图书在版编目 (CIP) 数据

HTML5＋CSS3 网页制作教程 / 金璐钰主编 . —西安：西安电子科技大学出版社，2022.8
（2023.7 重印）
ISBN 978－7－5606－6592－4

Ⅰ.①H⋯　Ⅱ.①金⋯　Ⅲ.①超文本标记语言—程序设计—教材　②网页制作工具—教材　Ⅳ.① TP312.8　② TP393.092.2

中国版本图书馆 CIP 数据核字 (2022) 第 137781 号

策　　划　刘玉芳　刘统军
责任编辑　刘玉芳
出版发行　西安电子科技大学出版社 (西安市太白南路 2 号)
电　　话　(029)88202421　88201467　　　邮　编　710071
网　　址　www.xduph.com　　　　　　电子邮箱　xdupfxb001@163.com
经　　销　新华书店
印刷单位　陕西天意印务有限责任公司
版　　次　2022 年 8 月第 1 版　　2023 年 7 月第 2 次印刷
开　　本　787 毫米 ×1092 毫米　　1/16　印张　12.75
字　　数　298 千字
印　　数　3001 ～ 6000 册
定　　价　37.00 元
ISBN 978－7－5606－6592－4 / TP
XDUP 6894001－2
*** 如有印装问题可调换 ***

P 前 言
Preface

对于 Web 开发者来说，HTML5 和 CSS3 无疑是最重要、最基本的两种语言。其中，HTML5 被认为是 Web 的未来，而 CSS3 则进一步保证了其在模块发布方面的灵活性。

本书采用教、学、做一体化的方式撰写，合理地组织学习单元。全书内容均以实例为主线，在此基础上适当扩展知识点，真正实现学以致用。

书中关键知识点都有对应案例，并配有丰富的插图和注释，以便读者在学习过程中能够直观、清晰地看到操作过程和效果，提高学习效率。每个模块最后都有一个综合案例，包括案例描述、考核知识点、练习目标、案例源代码/案例步骤、运行结果、案例分析等部分，其中，案例分析主要总结案例中涉及的重要技巧、注意事项以及扩展知识。

本书分为 12 个模块，其中，模块 1 主要介绍 HTML 和前端开发工具；模块 2 介绍 HTML 语法和基本结构，特别注重训练初学者应当掌握和理解的重要基础知识以及能力目标；模块 3 介绍 HTML 中的文本排版标签，在任务安排上注重结合实际问题训练读者熟练地设计网页中的标题、段落和列表等，以及综合应用文本排版标签的能力，模块 4 介绍网页中的多媒体，注重结合实际问题训练读者熟练地使用多媒体美化网页；模块 5 介绍网页中超链接的应用，主要讲述网页中存在的超链接种类以及如何使用超链接；模块 6 介绍网页中的表格，重点讲述了表格的创建、属性以及结构；模块 7 表单的应用是本书的重点内容之一，介绍了表单的基本结构，并重点讲述了在网页中如何使用表单实现程序与用户的交互；模块 8 介绍了框架的用法；模块 9 介绍了 CSS 基本语法和 CSS 样式的引入方式；模块 10 介绍了 CSS 中各种常见选择器的使用；模块 11 主要介绍了通过 CSS 控制网页中的文本、背景、边框和列表的样式；模块 12 讲解了 CSS 实现网页布局的方法，以及常用的布局技术。

本书注重引导学生参与课堂教学活动，适合作为高等院校相关专业教、学、做一体化教材。本书的实例和案例源程序以及电子教案可以在出版社网站免费下载，以供读者学习和教学使用。

本书由金璐钰担任主编并统稿，邓春红、郭飞艳、崔爱国担任副主编。本书模块 1 ～模块 3 由郭飞艳编写，模块 4 ～模块 6 由邓春红编写，模块 7 由崔爱国编写，其余模块由金璐钰编写。本书在编写过程中，得到学校领导和老师的大力支持及帮助，在此表示衷心感谢！

由于时间仓促，书中难免存在疏漏之处，敬请广大读者批评指正。

编　者
2022 年 5 月

C目 录
Contents

模 块 1

网页制作入门

1.1　HTML 简 介

1.1.1　初识 HTML

HTML 的全称是"Hyper Text Markup Language"，即超文本标记语言，网页就是用 HTML 语言编写的。HTML 是一种描述性的语言，比较容易入门。

为了更直观地给大家呈现网页制作语言 HTML，可以打开 W3school 的网站首页，如图 1-1 所示。

图 1-1　W3school 网站首页

右击鼠标，选择"查看页面源代码"（如图 1-2 所示），可查看编写该网页的 HTML 编码（如图 1-3 所示）。

图 1-2　查看页面源代码

view-source:https://www.w3school.com.cn/index.html

换行

```
<!DOCTYPE html>
<html lang="zh-cn">
<head>

<!-- Global site tag (gtag.js) - Google Analytics -->
<script async src="https://www.googletagmanager.com/gtag/js?id=UA-878633-1"></script>
<script>
  window.dataLayer = window.dataLayer || [];
  function gtag(){dataLayer.push(arguments);}
  gtag('js', new Date());

  gtag('config', 'UA-878633-1');
</script>

<title>w3school 在线教程</title>

<link rel="stylesheet" type="text/css" href="/c8.css" />

<meta charset="gbk" />
<meta http-equiv="Content-Language" content="zh-cn" />
<meta name="description" content="全球最大的中文 Web 技术教程。" />
<meta name="robots" content="all" />
<meta name="author" content="w3school.com.cn" />
<meta name="Copyright" content="Copyright W3school.com.cn All Rights Reserved." />
<meta name="MSSmartTagsPreventParsing" content="true" />
<meta http-equiv="imagetoolbar" content="false" />

<link rel="icon" type="image/png" sizes="16x16" href="/ui2019/logo-16-red.png">
<link rel="icon" type="image/png" sizes="32x32" href="/ui2019/logo-32-red.png">
<link rel="icon" type="image/png" sizes="48x48" href="/ui2019/logo-48-red.png">
<link rel="icon" type="image/png" sizes="96x96" href="/ui2019/logo-96-red.png">
<link rel="apple-touch-icon-precomposed" sizes="180x180" href="/ui2019/logo-180.png">
</head>

<body id="homefirst">
<div id="wrapper">

<div id="header_index">
<h1><a href="/index.html" title="w3school 在线教程" style="float:left;">w3school 在线教程</a></h1>

```

图 1-3 W3school 网站首页的 HTML 编码

图 1-3 所展示的源代码写在一个名为 index.html 的文件中 (扩展名是 html)，该文件就是超文本文档，即网页文件，通过在文件中添加一些特定的标识符，可以告诉浏览器如何显示其中的内容，这些特定的标识符就是超文本标识语言。由此可知，超文本标记语言是一种规范，一种标准，它通过标识符号来标记要显示的网页中的各个部分。

1.1.2 HTML 的发展历程

HTML 是由 Web 的发明者 Tim Berners-Lee 和同事 Daniel W.Connolly 于 1990 年创立的一种标记语言。用 HTML 将所需要表达的信息 (如网页上面的影像、声音、图片、文字、动画、影视等内容) 按照某种规则编写成超文本文档或 HTML 文档，这些 HTML 文档独立于各个操作系统平台 (如 Windows、Mac 等)。浏览器可以识别这些 HTML 文件，并将其“翻译”成可以识别的信息，最终形成了我们所见到的网页。

HTML 从被发明使用开始，历史版本如下：

(1) HTML1.0，1993 年 6 月作为互联网工作小组 (IETF) 工作草案发布。

(2) HTML2.0，1995 年 11 月作为 RFC 1866 发布，于 2000 年 6 月被宣布已经过时。

(3) HTML 3.2，1997 年 1 月 14 日发布，W3C 推荐标准。

(4) HTML 4.0，1997 年 12 月 18 日发布，W3C 推荐标准。

(5) HTML 4.01(微小改进)，1999 年 12 月 24 日发布，W3C 推荐标准。

(6) HTML 5，是公认的下一代 Web 语言，它极大地提升了 Web 在富媒体、富内容和富应用等方面的能力，被喻为终将改变移动互联网的重要推手。Internet Explorer 8 及以前的版本不支持 HTML5。

1.2 前端开发工具

目前，应用比较广泛的前端开发工具有 Dreamweaver、HBuilder 和 Sublime Text 等。

1.2.1 Dreamweaver

Dreamweaver，简称 DW，是 Adobe 公司研发的一款网页开发工具，深受广大用户 (特别是初学者) 的喜爱。现在的最新版本是 Dreamweaver CC。对于初学者来说，Dreamweaver 是首选。注意，如果选择了 Dreamweaver 作为开发工具，一定不要使用操作界面的方式来开发网页。因为如果只是通过鼠标点击的方式去开发网页，对掌握知识和技能帮助甚微，而且弊端很多，特别是其中冗余代码很多，会让开发出来的网站难以在后期进行维护，所以建议使用代码编写网页。

1.2.2 HBuilder

HBuilder 是数字天堂推出的一款支持 HTML5 的 Web 开发集成工具，目前官方主推的是升级版 HBuilder X。H 是 HTML 的首字母，Builder 是构造者，X 是 HBuilder 的下一代版本，简称 HX。HBuilder 主体本身是由 Java 编写的，它的特点是快，这是 HBuilder 的最大优势。通过完整的语法提示和代码输入法、代码块等，可以大幅提升 HTML、JS、CSS 的开发效率。HBuilder X 为 C++ 架构，启动速度、大文档打开速度、编码提示速度都更快，可达到极速响应。

HBuilder X 中有内置的 HTML、JS、CSS 等语法库。例如要加载 JS 语法库，在 JS、HTML 等文件里，底部状态栏有"语法提示库"，可以加载内置的框架语法库，勾选相应的 JS 框架语法后，JS 区域即可提示相应语法。该选择是项目级的，一旦勾选后，整个项目下可以写 JS 的地方都会加载。

HBuilder X 支持自定义代码块，在菜单工具→代码块设置中可自行扩展，代码块数据格式兼容 vscode，并扩展了更多更丰富的设置，对于提高开发效率帮助很大。

HBuilder X 插件市场拥有丰富的插件，支持 Java 插件、nodejs 插件，并兼容了很多 vscode 的插件及代码块。还可以通过外部命令方便地调用各种命令行功能，并设置快捷键。如果开发者习惯了其他工具 (如 vscode 或 Sublime) 的快捷键，在菜单工具→快捷键方案中可以切换，对于提升工作效率有极大帮助。

1.2.3 Sublime Text

Sublime Text 是一款流行的代码编辑器软件，也是 HTML 文本编辑器，拥有漂亮的用户界面和极其强大的功能，是深受许多程序员喜欢的一款文本编辑器软件。

Sublime Text 支持多种编程语言的语法高亮，拥有优秀的代码自动完成功能，还拥有代码片段 (Snippet) 的功能，即可以将常用的代码片段保存起来，在需要时随时调用。它还支持 VIM(文本编辑器) 模式，可以使用 VIM 模式下的多数命令。

Sublime Text 具有良好的扩展能力、完全开放的用户自定义配置，以及神奇实用的编辑状态恢复功能，支持强大的多行选择和多行编辑。该编辑器在界面上比较有特色的是支持多种布局和代码缩略图。利用右侧的文件缩略图滑动条，可以方便地观察当前窗口在文件中的位置。

Sublime Text 具有编辑状态恢复的能力，即当你修改了一个文件，没有保存就退出时，软件不会询问用户是否保存，但在下次启动软件后，之前的编辑状态都会被完整恢复。

上述三款开发工具，大家可以根据自己的实际情况选择使用。

1.3 案例：使用Dreamweaver创建站点

【案例描述】

使用 Dreamweaver 创建一个站点，学习如何在计算机中搭建上机环境。

【考核知识点】

使用 Dreamweaver 创建站点。

【练习目标】

(1) 熟悉 Dreamweaver 软件环境。

(2) 掌握站点的创建方法。

【案例步骤】

1. 准备上机环境

首先在计算机上安装 Dreamweaver，下载并双击文件夹中的安装程序 (Setup.exe) 进行安装，安装过程中需要登录 (没有 Adobe 账户的用户需要先行注册)，登录后安装程序会自动运行。接受软件的安装许可协议后，会进入软件的第一次使用界面，设置软件的工作区和主题后，即可进入软件主界面，如图 1-4 ～图 1-6 所示。

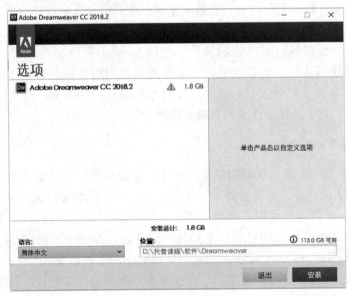

图 1-4　安装界面

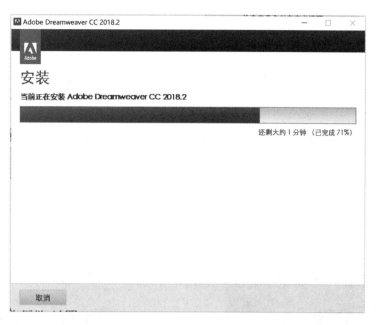

图 1-5　安装进程

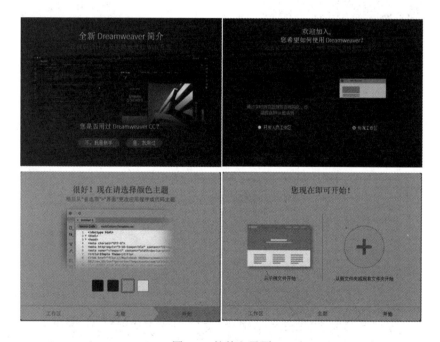

图 1-6　软件主界面

2. 创建站点

　　一个站点是一个存储区，它存储了一个网站包含的所有文件。通俗一些说，一个站点就是一个网站所有内容存放的文件夹。Dreamweaver 的使用是以站点为基础的，所以在使用 Dreamweaver 之前，必须要创建一个本地站点。

　　创建站点的步骤如下：

(1) 在计算机中选择合适的目录，新建一个文件夹。如在 D 盘建立一个名为"站点测试"的文件夹，如图 1-7 所示，将所有相关的网页文件和文件夹都存储在该文件夹中。

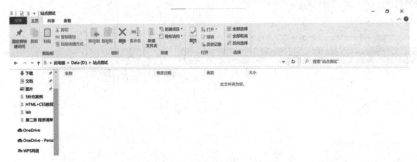

图 1-7　新建的"站点测试"文件夹

(2) 启动 Dreamweaver，选择"站点"→"新建站点"菜单命令，如图 1-8 所示。

图 1-8　新建站点

(3) 在弹出的对话框中的"站点名称"文本框中输入"站点测试"，设置"本地站点文件夹"为 D 盘中新建的"站点测试"文件夹，如图 1-9 所示。

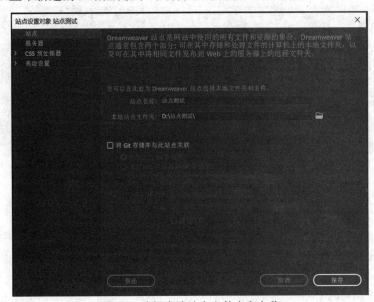

图 1-9　选择本地站点文件夹和名称

(4) 点击“保存”按钮，站点就创建完了，如图1-10所示，之后在这个目录下新建的文件或文件夹都会显示在右边的目录里面。

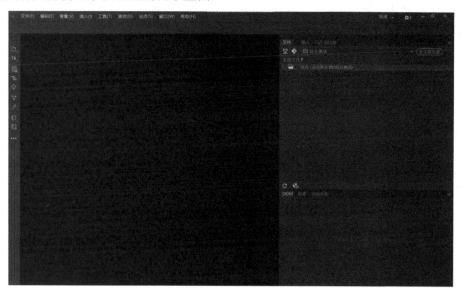

图 1-10 创建好的站点

思考与练习题

一、选择题

1. 网页的基本语言是 (   )。

A. JavaScript   B. VBScript

C. HTML   D. XML

2. HTML 是指 (   )。

A. 超文本标记语言 (hyper text markup language)

B. 家庭工具标记语言 (home tool markup language)

C. 超链接和文本标记语言 (hyperlinks and text markup language)

D. 以上都不正确

3. 网页的扩展名是 (   )。

A. .html   B. .doc

C. .bat   D. .ppt

二、填空题

1. 一个站点是一个 _____，它存储了一个网站包含的 _____。通俗一些说，一个站点就是一个网站所有内容存放的 _____。

2. 目前，HTML 的最新版本是 _____。

模块 2

编写第一个 HTML 页面

2.1 HTML基本语法

2.1.1 标签

HTML 标签是 HTML 中最基本的单位，在 HTML 文档中，用一对"< >"括起来的标识符就是一个标签。如模块 1 中图 1-3 所示，<head>、<title>、<body> 等都是 HTML 标签。HTML 标签不区分大小写，例如 <body> 与 <BODY> 表达的意思是相同的，一般推荐使用小写。

2.1.2 元素

HTML 文档是由 HTML 元素定义的。HTML 元素定义了 HTML 文档通过浏览器所要呈现的内容。一般的 HTML 元素是指从开始标签到结束标签的所有代码。

HTML 元素语法如下：

(1) HTML 元素以开始标签起始，以结束标签终止；

(2) 元素内容是开始标签与结束标签之间的内容，如图 2-1 所示；

(3) 某些 HTML 元素具有空内容；

(4) 空元素在开始标签中进行关闭，如换行标签
、分割线标签 <hr>；

(5) 大多数 HTML 元素可拥有属性。

开始标签	元素内容	结束标签
<p>	This is a paragraph	</p>
<a href="default.htm" >	This is a link	</a>

图 2-1　HTML 元素

在 HTML 文件中定义一个元素的格式如下：

　　< 标签名 > 内容 </ 标签名 >

【例 2-1】　定义一个元素。

　　<!doctype html>

　　<html>

```
<head>
<meta charset="utf-8">
<title> 例 2-1</title>
</head>
<body>
    <p> 这是一个段落。</p>
</body>
</html>
```

这里的 p 元素定义了 HTML 文档中的一个段落。这个元素从开始标签 <p> 开始，至结束标签 </p> 结束，元素内容是"这是一个段落。"。

2.1.3　属性

HTML 的元素属性用于为其提供附加信息。例如，希望段落文本居中对齐时，就可以添加 align 属性，并设置值为 center。

属性总是以名称 / 值对的形式出现，例如：name = "value"。另外，属性总是在 HTML 元素的开始标签中定义。

在 HTML 元素中定义一个属性的格式如下：

< 标签名 属性 1=" 属性值 1" 属性 2=" 属性值 2"⋯> 内容 </ 标签名 >

【例 2-2】　为元素定义一个属性。

```
<!doctype html>
<html>
<head>
<meta charset="utf-8">
<title> 例 2-2</title>
</head>
<body>
    <h1 align="center"> 标题一 </h1>
</body>
</html>
```

这里为标题标签 <h1> 添加了对齐属性 align，并设置属性值为 center，标题内的文本"标题一"在浏览器中显示为居中对齐。

一个 HTML 元素可以定义多个属性，例如：

<h1 id="id1" class= "class1" align = "center">

其中，每个名称 / 值对用空格隔开就可以。

2.1.4　注释

在编写 HTML 代码时，为了方便自己和他人阅读和理解关键代码，有时需要为代码添加一些说明文字，但是这些说明文字不需要显示在浏览器页面中，这时就需要添加注释。

在 HTML 文件中定义注释的格式如下：

```
<!-- 注释的内容 -->
```

其中，标签"<!--"与"-->"用于在 HTML 插入注释。

【例 2-3】 注释的使用。

```
<!doctype html>

<html>

<head>

<meta charset="utf-8">

<title> 例 2-3</title>

</head>

<body>

    <p> 这是一个段落。</p><!-- 这是注释，不会在浏览器中显示。-->

</body>

</html>
```

注意：注释的内容是不显示在浏览器中的。我们可以利用注释在 HTML 中放置通知和提醒信息，也为了代码的可读、易懂，大家要养成良好的代码注释习惯。

2.2 HTML基本结构

2.2.1 基本结构

HTML 的基本结构如图 2-2 所示。

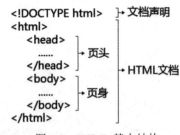

图 2-2 HTML 基本结构

【例 2-4】 HTML 文档基本结构。

```
<!doctype html>

<html>

<head>

<meta charset="utf-8">

<title> 例 2-4</title>

</head>

<body>

</body>
```

```
</html>
```

一个完整的 HTML 文档至少由以下四部分组成。

(1) 文档声明：<!DOCTYPE html>；

(2) html 标签对：<html></html>；

(3) head 标签对：<head></head>；

(4) body 标签对：<body></body>。

2.2.2　文档声明

一个 HTML 文档的开始是对文档进行声明，使用 <!DOCTYPE html> 声明文档为 HTML 文档。

HTML 文档是用浏览器解释的，声明有助于浏览器正确显示网页。网络上有很多不同的文件，正确声明 HTML 的版本，浏览器能正确显示网页内容。

声明是不区分大小写的。声明位于文档的最前面，在 <html> 标签之前。它不是一个 HTML 标签，而是用来告知浏览器该页面使用了哪个 HTML 版本。

2.2.3　<html> 标签

<html> 标签位于文档声明 <!DOCTYPE html> 之后，也称为根标签。<html> 与 </html> 标签限定了文档的开始点和结束点，在它们之间是文档的页头和页身。一个 HTML 页面的基本结构定义如下：

```
<html>
<head>
页面的头部信息 ......
</head>
<body>
页面的主体内容 ......
</body>
</html>
```

2.2.4　<head> 标签

<head> 标签定义了页面的头部，即页头。在 <head></head> 标签对内部只能定义一些特殊的内容，这些内容在浏览器页面中是不显示的。

通常情况下，有 6 个重要的标签能放在 head 标签内，即 <title>、<meta>、<link>、<style>、<script>、<base>。

下面主要对 <title> 和 <meta> 标签进行介绍。其他的标签，感兴趣的同学可以自行查阅相关内容。

1. <title> 标签

在 HTML 中，<title> 标签只是用来定义网页标题的。这个标题是在浏览器工具栏中的标题，如图 2-3 所示，在每个图标后面的标题，如 "百度一下，你就知道""爱淘宝 PC 新版" 等就是每个网页对应的标题，<title> 标签除了定义网页标题外，还可以提供页面被添加到收藏夹时显示的标题，以及在搜索引擎结果中显示的页面标题。

图 2-3　网页的标题

定义标题的语法如下：

　　　<head>

　　　<title>……</title>

　　　</head>

网页的标题内容，都是在 <title></title> 标签内定义的。

2. <meta> 标签

<meta> 标签提供关于 HTML 文档的元数据。元数据是关于数据的信息。元数据不会显示页面上，但是对于机器是可读的。一般情况下，meta 元素用于定义页面的描述、关键字、文档的作者、最后修改时间及其他的元数据，如用于浏览器如何显示内容或重新加载页面等。

meta 元素有两个重要属性：name 属性和 http-equiv 属性。

先来看一些 name 属性的实例。

```
<head>
    <!-- 网页关键字 -->
    <meta name="keywords" content="HTML 教程 ,CSS 教程 "/>
    <!-- 网页描述 -->
    <meta name="description" content=" 这是一个网站的描述。"/>
    <!-- 本页作者 -->
    <meta name="author" content=" 作者 ">
    <!-- 版权声明 -->
    <meta name="copyright" content=" 版权声明 ">
</head>
```

基于上面的实例，整理 <meta> 标签的 name 属性值如表 2-1 所示。

表 2-1　<meta> 标签的 name 属性值

属性值	说　　明
keywords	网页的关键字 (关键字可以是多个,而不仅仅是一个,用英文逗号隔开)
description	网页的描述
author	网页的作者
copyright	版权信息

对于 http-equiv 属性，它有两个重要属性值 content-type 和 refresh。

```
<head>
    <meta http-equiv="content-type" content="text/html; charset=gb2312"/>
```

```
</head>
```

当服务器向浏览器发送包含信息"content-type:text/html"的文档时，将告诉浏览器准备接收一个 HTML 文档，并且该页面使用的字符集是 gb2312。

```
<head>
    <meta http-equiv="refresh" content=" 秒数 ;url= 网址 "/>
</head>
```

在这里"秒数"是一个整数，表示经过多少秒进行刷新跳转。"网址"是刷新跳转的地址，就是定义这个页面经过多少秒之后刷新跳转到那个网页。注意，上述两段程序都有 content 属性，这个属性是必须的，它定义了与 http-equiv 或 name 属性相关的元信息。

2.2.5 <body> 标签

<body> 标签定义了页面的主体部分，也即页身。<body> 标签中的内容才是最终展示在浏览器中给用户看的。页面中绝大多数的元素都是定义在 <body></body> 标签对中的，所以本书后面章节中学习的 HTML 标签也基本都是定义在 <body> 标签内的。

一个 HTML 文档只能含有一对 <body> 标签，且 <body> 标签位于 <head> 标签之后，与 <head> 标签是并列关系。

2.3 案例：用记事本编写第一个HTML页面

【案例描述】

根据本章所学知识，用记事本编写一个 HTML 页面。

【考核知识点】

HTML 基本结构。

【练习目标】

(1) 熟悉 HTML 基本语法。

(2) 掌握 HTML 基本结构。

(3) 熟悉记事本编辑网页的方法。

【案例步骤】

(1) 新建文本文档，把下面这段代码复制到记事本中去，然后保存，并将记事本名字改为"我的第一个网页"。

```
<!DOCTYPE html>
    <html>
    <head>
        <title> 这是网页的标题 </title>
    </head>
    <body>
        <p> 这是网页的内容 </p>
```

```
        </body>
    </html>
```

(2) 将记事本后缀名 ".txt" 改为 ".html"。

(3) 双击 "我的第一个网页" html 文件，就可以在浏览器中打开了。打开的页面如图 2-4 所示。

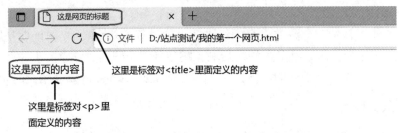

图 2-4　在浏览器中打开 "我的第一个网页"

思考与练习题

一、选择题

1. 设置网页名称的标签是 (　　)。

A. <title> 和 </title>　　　　　　　　　　B. <head> 和 </head>

C. <titles> 和 </titles>　　　　　　　　　D. <name> 和 </name>

2. HTML 文档结构由 (　　) 组成。

A. <html>……</html>、<title>……</title>、<body>……</body>

B. <body>、</body><h1></h1><html>、</html>

C. <html>……</html>、<head>……</head>、<body>……</body>

D. <head>……</head><meta>……</meta><title>……</title>

3. 在 HTML 中，(　　) 标记不可出现在 <body> 和 </body> 标记符之间。

A. <hr>　　　　　　　　　　　　　　　　B.

C. <title>　　　　　　　　　　　　　　　D. <! --…-- >

二、填空题

1. 一个完整的 HTML 文档至少由文档声明、_____、_____ 和 _____ 四部分组成。

2. HTML 的元素属性为其提供 _____。

三、判断题

1. HTML 所有的元素都是由开始标签开始，结束标签结束的。　　　　　　(　　)

2. HTML 标签是不区分大小写的。　　　　　　　　　　　　　　　　　　(　　)

模块 3

文本排版标签

日常工作、生活中，大家经常浏览网页，可以看到绝大部分页面由 4 类元素组成：文本、图像、超链接和多媒体 (视频、音频等)。接下来的模块，我们将要学习制作一个网页所包含的标签。本模块我们将学习文本排版相关的标签。

3.1　标题标签

一个 HTML 文档可以包括各种级别的标题。在 HTML 中，一共有 6 个级别的标题标签：<h1> ~ <h6>。

<h1> 到 <h6> 标签中的字母 h 是英文 header 的简称，h 元素拥有确切的语义，所以在构建文档结构时要选择恰当的标签层级。需要注意的是，千万不要用标题标签来改变同一行中的字体大小，我们有专门的 CSS 来定义相应的显示效果，相关内容将在 CSS 模块中介绍。作为标题，它们的重要性是有区别的，其中 <h1> 标题的重要性最高，<h6> 标题的重要性最低，而且一个页面只能有一个 <h1>，而 <h2> ~ <h6> 可以有多个。

【例 3-1】　标题标签详解。

```
<!DOCTYPE html>
<html >
  <head>
    <title> 标题标签 h1 ~ h6</title>
  </head>
  <body>
    <h1> 这是一级标题 </h1>
    <h2> 这是二级标题 </h2>
    <h3> 这是三级标题 </h3>
    <h4> 这是四级标题 </h4>
    <h5> 这是五级标题 </h5>
    <h6> 这是六级标题 </h6>
  </body>
</html>
```

标题标签在浏览器中的显示效果如图 3-1 所示。

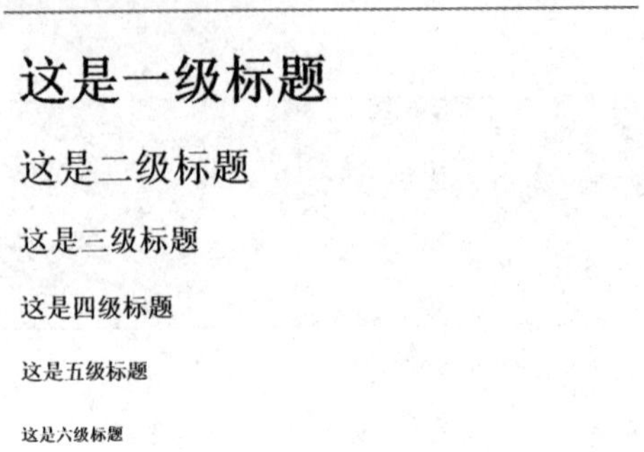

这是一级标题

这是二级标题

这是三级标题

这是四级标题

这是五级标题

这是六级标题

图 3-1　标题标签

3.2　段落标签

在 HTML 中，<p> 标签用于定义段落。

【例 3-2】　在页面中定义段落。

```
<!DOCTYPE html>
<html >
  <head>
    <title> 段落标签 </title>
  </head>
  <body>
    <h3> 咏鹅 </h3>
    <p> 鹅，鹅，鹅，</p>
    <p> 曲项向天歌。</p>
    <p> 白毛浮绿水，</p>
    <p> 红掌拨清波。</p>
  </body>
</html>
```

段落标签在浏览器中的显示效果如图 3-2 所示。

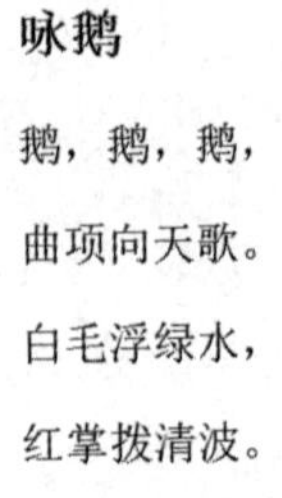

咏鹅

鹅，鹅，鹅，

曲项向天歌。

白毛浮绿水，

红掌拨清波。

图 3-2　段落标签

从图 3-2 中可以看到，首先段落标签会自动换行，其次段落与段落之间有一定的空白，这都是由 p 元素的默认样式定义的。如何自定义 p 元素的样式，如何更改默认空白的大小等，将在后续的 CSS 模块中详细介绍。

3.3　水平线标签

在 HTML 中，<hr> 标签用于定义水平线，这是一个空元素。空元素是在开始标签中关闭的，正确关闭空元素的方式是在开始标签中添加斜杠，比如 <hr/>，建议读者使用空元素时用这种方式关闭。

【例 3-3】　在页面中定义水平线。

```
<!DOCTYPE html>
<html >
  <head>
    <title> 水平线标签 </title>
  </head>
  <body>
    <h3> 咏鹅 </h3>
    <p> 鹅，鹅，鹅，曲项向天歌。</p>
    <p> 白毛浮绿水，红掌拨清波。</p>
    <hr/>
    <h3> 静夜思 </h3>
    <p> 床前明月光，疑是地上霜。</p>
    <p> 举头望明月，低头思故乡。</p>
  </body>
</html>
```

水平线标签在浏览器中的显示效果如图 3-3 所示。

咏鹅

鹅，鹅，鹅，曲项向天歌。

白毛浮绿水，红掌拨清波。

静夜思

床前明月光，疑是地上霜。

举头望明月，低头思故乡。

图 3-3　水平线标签

3.4　列表标签

HTML 中共有三种列表：有序列表、无序列表和定义列表。有序列表的列表项之间有先后顺序之分；无序列表的列表项之间没有先后顺序之分；定义列表不仅仅是一列项目，而是项目及其注释的组合。下面简要介绍一下这三种列表的定义及使用方法。

3.4.1 有序列表

有序列表从 <ol> 开始，到 </ol> 结束，每个列表项用 <li> 标签定义。

【例 3-4】 在页面中定义有序列表。

```
<!DOCTYPE html>
<html >
  <head>
    <title> 有序列表 </title>
  </head>
  <body>
    <ol>
      <li> 苹果 </li>
      <li> 香蕉 </li>
      <li> 橘子 </li>
    </ol>
  </body>
</html>
```

1. 苹果
2. 香蕉
3. 橘子

图 3-4 有序列表

有序列表在浏览器中的显示效果如图 3-4 所示。

<li> 和 </li> 标签表示一个列表项。有序列表中可以包含多个列表项。注意，<ol> 标签和 <li> 标签是配合使用的，没有单独使用，而且一般情况下，<ol> 里面只能嵌套 <li> 标签，但是，<li> 标签里面可以嵌套其他标签。

有序列表的列表项默认是采用数字进行标记的。我们可以通过有序列表的 type 属性值来改变列表项的符号。有序列表的 type 属性值如表 3-1 所示。

表 3-1 有序列表的 type 属性值

属性值	列表项的符号
1	数字 1、2、3…
a	小写英文字母 a、b、c…
A	大写英文字母 A、B、C…
i	小写罗马数字 i、ii、iii…
I	大写罗马数字 I、II、III…

【例 3-5】 在页面中自定义有序列表的 type 属性。

```
<!DOCTYPE html>
<html >
  <head>
    <title> 有序列表 </title>
  </head>
  <body>
```

```
<ol type="A">
    <li> 苹果 </li>
    <li> 香蕉 </li>
    <li> 橘子 </li>
</ol>
</body>
</html>
```

    A.　苹果
    B.　香蕉
    C.　橘子

有序列表在浏览器中的显示效果如图 3-5 所示。

图 3-5　type="A" 的有序列表

3.4.2　无序列表

无序列表从 <ul> 开始，到 </ul> 结束，每个列表项用 <li> 标签定义。

【例 3-6】　在页面中定义无序列表。

```
<!DOCTYPE html>
<html >
    <head>
        <title> 无序列表 </title>
    </head>
    <body>
        <ul>
            <li> 苹果 </li>
            <li> 香蕉 </li>
            <li> 橘子 </li>
        </ul>
    </body>
</html>
```

无序列表在浏览器中的显示效果如图 3-6 所示。

- 苹果
- 香蕉
- 橘子

图 3-6　无序列表

一般情况下，<ul> 和 <ol> 一样，<ul> 里面也只能嵌套 <li> 标签。无序列表的列表项默认是采用●进行标记的。我们可以通过无序列表的 type 属性来改变列表项符号。无序列表的 type 属性值如表 3-2 所示。

表 3-2　无序列表的 type 属性值

属性值	列表项的符号
disc	默认值，实心圆 "●"
circle	空心圆 "○"
square	实心正方形 "■"

【例 3-7】 在页面中自定义无序列表的 type 属性。

```
<!DOCTYPE html>
<html >
  <head>
    <title> 无序列表 </title>
  </head>
  <body>
    <ul type="circle">
      <li> 苹果 </li>
      <li> 香蕉 </li>
      <li> 橘子 </li>
    </ul>
  </body>
</html>
```

○ 苹果
○ 香蕉
○ 橘子

无序列表在浏览器中的显示效果如图 3-7 所示。　　　　图 3-7　type="circle" 的无序列表

3.4.3　定义列表

定义列表从 <dl> 开始，到 </dl> 结束，每个自定义列表项以 <dt> 开始，每个自定义列表项的定义以 <dd> 开始。

【例 3-8】 定义列表的应用。

```
<!DOCTYPE html>
<html >
  <head>
    <title> 定义列表 </title>
  </head>
  <body>
    <dl>
      <dt> 联系方式 </dt>
      <dd> 手机号码 </dd>
      <dd> 微信 </dd>
      <dd> 腾讯 QQ</dd>
    </dl>
  </body>
</html>
```

联系方式
　　手机号码
　　微信
　　腾讯QQ

定义列表在浏览器中的显示效果如图 3-8 所示。　　　　图 3-8　定义列表

这三种列表中，最常用的是无序列表，无序列表 type 属性实现的效果也可以用 CSS 的 list-style- type 属性来实现。我们现在可以先练习使用 type 属性，在学习了 CSS 相关内容之后，就可以改用 CSS 控制样式。

3.5　网页特殊符号

在 HTML 中，我们经常要在网页中输入特殊字符，这时就要输入该特殊字符对应的 HTML 代码。这些 HTML 代码都以"&"开头，以";"（注意是英文分号）结束。表 3-3 列举了一些常用的特殊字符对应的 HTML 代码。

表 3-3　常用的特殊符号对应的 HTML 代码

特殊符号	名称	HTML 代码
"	双引号（英文）	&quot;
'	左单引号	&lsquo;
'	右单引号	&rsquo;
>	大于号	&gt;
<	小于号	&lt;
&	与符号	&amp;
—	长破折号	&mdash;
	空格	

段落 p 元素定义的内容默认首行是不缩进的，为了使每个段落的首行缩进，我们可以在段落前加入空格的 HTML 代码" "。例 3-9 演示如何使用特殊符号空格的 HTML 代码。

【例 3-9】　在段落 p 元素中定义空格。

```
<!DOCTYPE html>
<html>
  <head>
    <title> 网页加空格 </title>
  </head>
  <body>
    <h3>沁园春·雪 </h3>
    <p>   北国风光，千里冰封，万里雪飘。望长城内外，惟余莽莽；大河上下，顿失滔滔。山舞银蛇，原驰蜡象，欲与天公试比高。须晴日，看红装素裹，分外妖娆。</p>
    <p>   江山如此多娇，引无数英雄竞折腰。惜秦皇汉武，略输文采；唐宗宋祖，稍逊风骚。一代天骄，成吉思汗，只识弯弓射大雕。俱往矣，数风流人物，还看今朝。</p>
  </body>
</html>
```

定义空格在浏览器中的显示效果如图 3-9 所示。

沁园春•雪

北国风光，千里冰封，万里雪飘。望长城内外，惟余莽莽；大河上下，顿失滔滔。山舞银蛇，原驰蜡象，欲与天公试比高。须晴日，看红装素裹，分外妖娆。

江山如此多娇，引无数英雄竞折腰。惜秦皇汉武，略输文采；唐宗宋祖，稍逊风骚。一代天骄，成吉思汗，只识弯弓射大雕。俱往矣，数风流人物，还看今朝。

<center>图 3-9　段落中定义空格</center>

3.6　文本格式化标签

文本格式化标签，就是对文本进行各种"格式化"的一类标签，例如加粗、斜体、上标、下标等。

3.6.1　粗体标签 <b>、<strong>

在 HTML 中对文本加粗，可以使用 <b></b> 和 <strong></strong> 这两个标签对。

【例 3-10】　文本加粗。

```
<!DOCTYPE html>
<html>
  <head>
    <title> 文本加粗 </title>
  </head>
  <body>
    <p> 这是普通文本 </p>
    <b> 这是粗体文本 </b><br/>
    <strong> 这也是粗体文本 </strong>
  </body>
</html>
```

这是普通文本

这是粗体文本
这也是粗体文本

<center>图 3-10　文本加粗</center>

文本加粗在浏览器中的预览效果如图 3-10 所示。

从图 3-10 中可以看出，<b> 标签和 <strong> 标签的加粗效果是一样的。但是在实际开发中，想要对文本加粗，尽量用 <strong> 标签，而不要用 <b> 标签，这是因为 <strong> 标签比 <b> 标签更具有语义性。

3.6.2　斜体标签 <i>、<cite>、<em>

在 HTML 中实现文本斜体，可以使用以下三个标签。

(1) <i></i>；

(2) <cite></cite>；

(3) <em></em>。

【例 3-11】　文本斜体。

```
<!DOCTYPE html>
<html>
```

```
<head>
    <title> 文本斜体 </title>
</head>
<body>
    <i> 斜体文本 </i><br/>
    <cite> 斜体文本 </cite><br/>
    <em> 斜体文本 </em>
</body>
</html>
```

斜体文本
斜体文本
斜体文本

文本斜体在浏览器中的预览效果如图 3-11 所示。

图 3-11　文本斜体

若要对文本进行斜体设置，尽量用 <em> 标签。

3.6.3　上标标签 <sup>

在 HTML 中，使用 <sup> 标签可以实现将文本变为上标的效果。

【例 3-12】　上标标签。

```
<!DOCTYPE html>
<html>
    <head>
        <title> 上标标签 </title>
    </head>
    <body>
        <p>(a+b)<sup>2</sup>=a<sup>2</sup>+b<sup>2</sup>+2ab</p>
    </body>
</html>
```

$(a+b)^2=a^2+b^2+2ab$

文本上标在浏览器中的预览效果如图 3-12 所示。

图 3-12　文本上标

3.6.4　下标标签 <sub>

在 HTML 中，使用 <sub> 标签可以实现将文本变为下标的效果。

【例 3-13】　下标标签。

```
<!DOCTYPE html>
<html>
    <head>
        <title> 下标标签 </title>
    </head>
    <body>
        <p> 水的化学式：H<sub>2</sub>O</p>
    </body>
</html>
```

水的化学式：H_2O

文本下标在浏览器中的预览效果如图 3-13 所示。

图 3-13　文本下标

3.6.5　删除线标签 <del>

在 HTML 中，用 <del> 标签定义已经删除的文本。

【例 3-14】 删除线标签。

```
<!DOCTYPE html>
<html>
  <head>
    <title> 删除线标签 </title>
  </head>
  <body>
    <p> 新鲜的陕西红富士 </p>
    <p><del> 原价：￥10.50/kg</del></p>
    <p><strong> 现在仅售：￥9.00/kg</strong></p>
  </body>
</html>
```

新鲜的陕西红富士

原价：~~￥10.50/kg~~

现在仅售：￥9.00/kg

图 3-14　文本删除

文本删除在浏览器中的预览效果如图 3-14 所示。

3.6.6　下划线标签 <ins>

在 HTML 中，用 <ins> 标签可实现文本下划线效果。

【例 3-15】 下划线标签。

```
<!DOCTYPE html>
<html>
  <head>
    <title> 下划线标签 </title>
  </head>
  <body>
    <p> 北京冬奥会 <ins>2022 年 2 月 20 日 </ins> 晚圆满落幕 </p>
  </body>
</html>
```

文本下划线在浏览器中的预览效果如图 3-15 所示。

北京冬奥会 <u>2022年2月20日</u>晚圆满落幕

图 3-15　文本下划线

3.7　块元素和行内元素

我们前面已经学习了很多标签，细心的同学已经发现，在浏览器的显示效果中，有些元素是独占一行的，如 h1 ～ h6、p 等，这些元素不可以跟其他元素位于同一行；有些元素可以跟其他元素位于同一行，如 strong、em、ins 等。

下面详细介绍一下这两种元素的特性。

1. 块元素

在 HTML 中，独占一行的元素叫块元素，块元素在默认显示状态下将占据浏览器的一行。块元素可以看作一个矩形盒子，它可以容纳行内元素和其他的块元素。

常见的入门块元素包括 div 块元素、h1～h6 标题元素、p 段落元素、hr 分割线元素、ol 有序表元素、ul 无序表元素。

2. 行内元素

在 HTML 中，可以与其他元素位于同一行的元素叫行内元素，行内元素默认显示状态也是由它的默认宽度定义的。相比于块元素，行内元素也可以看作一个小盒子，可以与其他行内元素共存于同一行，但是不能容纳块元素。

常见的入门行内元素包括 span 行内元素、strong 加粗强调元素、em 斜体强调元素、del 删除元素、ins 下划线元素、a 超链接元素、img 图片元素、input 表单元素。

3.8　案例：综合应用文本排版标签

【案例描述】

设计一个 HTML 页面展示荀子《劝学》内容。

【考核知识点】

文本排版标签的应用。

【练习目标】

(1) 掌握标题标签的使用。

(2) 掌握段落标签的使用。

(3) 掌握列表标签的使用。

【案例源代码】

```
<!doctype html>
<html>
<head>
<meta charset="utf-8">
<title> 模块 3 案例 </title>
</head>
<body>
<h1> 劝学 </h1>
<p> 作者：荀子 ( 战国末期思想家、教育家 )</p>
<h2>【原文】</h2>
<p> 君子曰：学不可以已。<br>
```

青，取之于蓝，而青于蓝；冰，水为之，而寒于水。木直中绳，輮以为轮，其曲中规。虽有槁暴，不复挺者，輮使之然也。故木受绳则直，金就砺则利，君子博学而日参省乎己，则知明而行

无过矣。

故不登高山，不知天之高也；不临深溪，不知地之厚也；不闻先王之遗言，不知学问之大也。干、越、夷、貉之子，生而同声，长而异俗，教使之然也。诗曰："嗟尔君子，无恒安息。靖共尔位，好是正直。神之听之，介尔景福。"神莫大于化道，福莫长于无祸。

吾尝终日而思矣，不如须臾之所学也；吾尝跂而望矣，不如登高之博见也。登高而招，臂非加长也，而见者远；顺风而呼，声非加疾也，而闻者彰。假舆马者，非利足也，而致千里；假舟楫者，非能水也，而绝江河。君子生非异也，善假于物也。

南方有鸟焉，名曰蒙鸠，以羽为巢，而编之以发，系之苇苕，风至苕折，卵破子死。巢非不完也，所系者然也。西方有木焉，名曰射干，茎长四寸，生于高山之上，而临百仞之渊，木茎非能长也，所立者然也。蓬生麻中，不扶而直；白沙在涅，与之俱黑。兰槐之根是为芷，其渐之滫，君子不近，庶人不服。其质非不美也，所渐者然也。故君子居必择乡，游必就士，所以防邪辟而近中正也。

物类之起，必有所始。荣辱之来，必象其德。肉腐出虫，鱼枯生蠹。怠慢忘身，祸灾乃作。强自取柱，柔自取束。邪秽在身，怨之所构。施薪若一，火就燥也，平地若一，水就湿也。草木畴生，禽兽群焉，物各从其类也。是故质的张，而弓矢至焉；林木茂，而斧斤至焉；树成荫，而众鸟息焉。醯酸，而蚋聚焉。故言有招祸也，行有招辱也，君子慎其所立乎！

积土成山，风雨兴焉；积水成渊，蛟龙生焉；积善成德，而神明自得，圣心备焉。故不积跬步，无以至千里；不积小流，无以成江海。骐骥一跃，不能十步；驽马十驾，功在不舍。锲而舍之，朽木不折；锲而不舍，金石可镂。蚓无爪牙之利，筋骨之强，上食埃土，下饮黄泉，用心一也。蟹六跪而二螯，非蛇鳝之穴无可寄托者，用心躁也。

是故无冥冥之志者，无昭昭之明；无惛惛之事者，无赫赫之功。行衢道者不至，事两君者不容。目不能两视而明，耳不能两听而聪。螣蛇无足而飞，鼫鼠五技而穷。《诗》曰："尸鸠在桑，其子七兮。淑人君子，其仪一兮。其仪一兮，心如结兮！"故君子结于一也。

昔者瓠巴鼓瑟，而流鱼出听；伯牙鼓琴，而六马仰秣。故声无小而不闻，行无隐而不形。玉在山而草木润，渊生珠而崖不枯。为善不积邪？安有不闻者乎？

学恶乎始？恶乎终？曰：其数则始乎诵经，终乎读礼；其义则始乎为士，终乎为圣人，真积力久则入，学至乎没而后止也。故学数有终，若其义则不可须臾舍也。为之，人也；舍之，禽兽也。故书者，政事之纪也；诗者，中声之所止也；礼者，法之大分，类之纲纪也。故学至乎礼而止矣。夫是之谓道德之极。礼之敬文也，乐之中和也，诗书之博也，春秋之微也，在天地之间者毕矣。

君子之学也，入乎耳，箸乎心，布乎四体，形乎动静。端而言，蝡而动，一可以为法则。小人之学也，入乎耳，出乎口；口耳之间，则四寸耳，曷足以美七尺之躯哉！古之学者为己，今之学者为人。君子之学也，以美其身；小人之学也，以为禽犊。故不问而告谓之傲，问一而告二谓之囋。傲、非也，囋、非也；君子如向矣。

学莫便乎近其人。礼乐法而不说，诗书故而不切，春秋约而不速。方其人之习君子之说，则尊以遍矣，周于世矣。故曰：学莫便乎近其人。

学之经莫速乎好其人，隆礼次之。上不能好其人，下不能隆礼，安特将学杂识志，顺诗书而已耳。则末世穷年，不免为陋儒而已。将原先王，本仁义，则礼正其经纬蹊径也。若挈裘领，诎五指而顿之，顺者不可胜数也。不道礼宪，以诗书为之，譬之犹以指测河也，以戈舂黍也，以锥餐壶

也，不可以得之矣。故隆礼，虽未明，法士也；不隆礼，虽察辩，散儒也。

　　问楛者，勿告也；告楛者，勿问也；说楛者，勿听也。有争气者，勿与辩也。故必由其道至，然后接之；非其道则避之。故礼恭，而后可与言道之方；辞顺，而后可与言道之理；色从而后可与言道之致。故未可与言而言，谓之傲；可与言而不言，谓之隐；不观气色而言，谓瞽。故君子不傲、不隐、不瞽，谨顺其身。诗曰："匪交匪舒，天子所予。"此之谓也。

　　百发失一，不足谓善射；千里蹞步不至，不足谓善御；伦类不通，仁义不一，不足谓善学。学也者，固学一之也。一出焉，一入焉，涂巷之人也；其善者少，不善者多，桀纣盗跖也；全之尽之，然后学者也。

　　君子知夫不全不粹之不足以为美也，故诵数以贯之，思索以通之，为其人以处之，除其害者以持养之。使目非是无欲见也，使耳非是无欲闻也，使口非是无欲言也，使心非是无欲虑也。及至其致好之也，目好之五色，耳好之五声，口好之五味，心利之有天下。是故权利不能倾也，群众不能移也，天下不能荡也。生乎由是，死乎由是，夫是之谓德操。德操然后能定，能定然后能应。能定能应，夫是之谓成人。天见其明，地见其光，君子贵其全也。</p>

　　<h2>【作者简介】</h2>

　　<p>荀子（约前313－前238），名况，时人尊而号为"卿"，西汉时为避汉宣帝刘询讳，又称孙卿，因"荀"与"孙"二字古音相通。战国末期赵国猗氏（今山西安泽县）人，先秦儒家后期的代表人物。曾两次到当时齐国的文化中心稷下（今山东临淄）游学，担任过列大夫的祭酒（学宫领袖）。还到过秦国，拜见了秦昭王。后来到楚国，任兰陵（今属山东）令。荀子对儒家思想有所发展，提倡"性恶论"，其学说常被后人拿来跟孟子的"性善说"比较。荀子对重新整理儒家典籍也有相当显著的贡献。与其弟子撰有《荀子》一书。<sup>[1]</sup></p>

　　<h2>【创作背景】</h2>

　　<p>战国时期，奴隶制度进一步崩溃，封建制度逐步形成，历史经历着划时代的变革。许多思想家从不同的立场和角度出发，对当时的社会变革发表各自的主张，并逐渐形成墨家、儒家、道家和法家等不同的派别，历史上称之为"诸子百家"。诸子百家纷纷著书立说，宣传自己的主张，批评别人，出现了"百家争鸣"的局面。荀子是战国后期儒家的代表人物。他认为自然界的存在不以人的意志为转移，但人们可以用主观努力去认识它，顺应它，运用它。为了揭示后天学习的重要意义，他创作了《劝学》一文，鼓励人们通过学习改变不良的思想和行为，振兴礼义，制作法度，专心致志地去实践君子之道。<sup>[2][3]</sup></p>

　　<hr/>

　　<h3>参考资料</h3>

　　<ol>

　　　　<li>方铭．新大学语文．合肥：合肥工业大学出版社，2006：15-16</li>

　　　　<li>王森．《荀子》白话今译．北京：中国书店，1991：1-9</li>

　　　　<li>黄岳洲．中国古代文学名篇鉴赏辞典（上卷）．北京：华语教学出版社，2013：96-102</li>

　　</ol>

　　</body>

　　</html>

【运行结果】

案例运行结果如图 3-16 所示。

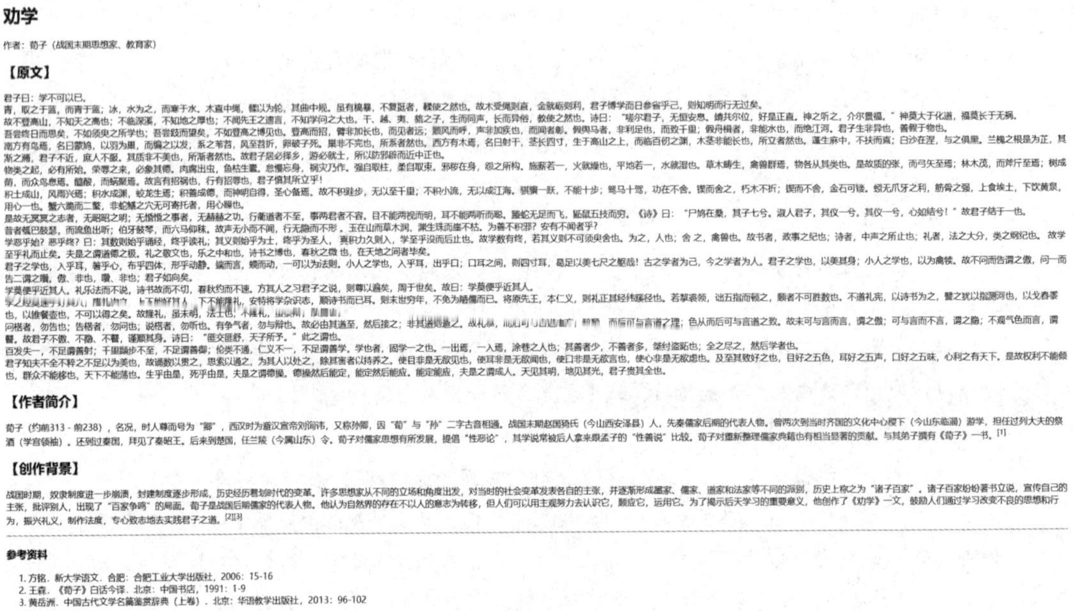

劝学

作者：荀子（战国末期思想家、教育家）

【原文】

君子曰：学不可以已。

青，取之于蓝，而青于蓝；冰，水为之，而寒于水。木直中绳，輮以为轮，其曲中规。虽有槁暴，不复挺者，輮使之然也。故木受绳则直，金就砺则利，君子博学而日参省乎己，则知明而行无过矣。

故不登高山，不知天之高也；不临深溪，不知地之厚也；不闻先王之遗言，不知学问之大也。干、越、夷、貉之子，生而同声，长而异俗，教使之然也。诗曰：“嗟尔君子，无恒安息。靖共尔位，好是正直。神之听之，介尔景福。”神莫大于化道，福莫长于无祸。

吾尝终日而思矣，不如须臾之所学也；吾尝跂而望矣，不如登高之博见也。登高而招，臂非加长也，而见者远；顺风而呼，声非加疾也，而闻者彰。假舆马者，非利足也，而致千里；假舟楫者，非能水也，而绝江河。君子生非异也，善假于物也。

南方有鸟焉，名曰蒙鸠，以羽为巢，而编之以发，系之苇苕，风至苕折，卵破子死。巢非不完也，所系者然也。西方有木焉，名曰射干，茎长四寸，生于高山之上，而临百仞之渊，木茎非能长也，所立者然也。蓬生麻中，不扶而直；白沙在涅，与之俱黑。兰槐之根是为芷，其渐之滫，君子不近，庶人不服。其质非不美也，所渐者然也。故君子居必择乡，游必就士，所以防邪僻而近中正也。

物类之起，必有所始。荣辱之来，必象其德。肉腐出虫，鱼枯生蠹。怠慢忘身，祸灾乃作。强自取柱，柔自取束。邪秽在身，怨之所构。施薪若一，火就燥也，平地若一，水就湿也。草木畴生，禽兽群焉，物各从其类也。是故质的张，而弓矢至焉；林木茂，而斧斤至焉；树成荫，而众鸟息焉。醯酸，而蚋聚焉。故言有招祸也，行有招辱也，君子慎其所立乎！

积土成山，风雨兴焉；积水成渊，蛟龙生焉；积善成德，而神明自得，圣心备焉。故不积跬步，无以至千里；不积小流，无以成江海。骐骥一跃，不能十步；驽马十驾，功在不舍。锲而舍之，朽木不折；锲而不舍，金石可镂。蚓无爪牙之利，筋骨之强，上食埃土，下饮黄泉，用心一也。蟹六跪而二螯，非蛇鳝之穴无可寄托者，用心躁也。

昔者瓠巴鼓瑟，而流鱼出听；伯牙鼓琴，而六马仰秣。故声无小而不闻，行无隐而不形。玉在山而草木润，渊生珠而崖不枯。为善不积邪？安有不闻者乎？

学恶乎始？恶乎终？曰：其数则始乎诵经，终乎读礼；其义则始乎为士，终乎为圣人，真积力久则入，学至乎没而后止也。故学数有终，若其义则不可须臾舍也。为之，人也；舍之，禽兽也。故书者，政事之纪也；诗者，中声之所止也；礼者，法之大分，类之纲纪也。故学至乎礼而止矣。夫是之谓道德之极。礼之敬文也，乐之中和也，诗书之博也，春秋之微也，在天地之间者毕矣。

君子之学也，入乎耳，著乎心，布乎四体，形乎动静。端而言，蝡而动，一可以为法则。小人之学也，入乎耳，出乎口；口耳之间，则四寸耳，曷足以美七尺之躯哉？古之学者为己，今之学者为人。君子之学也，以美其身；小人之学也，以为禽犊。故不问而告谓之傲，问一而告二谓之囋。傲、非也，囋、非也；君子如响矣。

学莫便乎近其人。礼乐法而不说，诗书故而不切，春秋约而不速。方其人之习君子之说，则尊以遍矣，周于世矣。故曰：学莫便乎近其人。

学之经莫速乎好其人，隆礼次之。上不能好其人，下不能隆礼，安特将学杂识志，顺诗书而已耳。则末世穷年，不免为陋儒而已。将原先王，本仁义，则礼正其经纬蹊径也。若挈裘领，诎五指而顿之，顺者不可胜数也。不道礼宪，以诗书为之，譬之犹以指测河也，以戈舂黍也，以锥餐壶也，不可以得之矣。故隆礼，虽未明，法士也；不隆礼，虽察辩，散儒也。

问楛者，勿告也；告楛者，勿问也；说楛者，勿听也。有争气者，勿与辩也。故必由其道至，然后接之；非其道则避之。故礼恭，而后可与言道之方；辞顺，而后可与言道之理；色从而后可与言道之致。故未可与言而言，谓之傲；可与言而不言，谓之隐；不观气色而言，谓瞽。故君子不傲、不隐、不瞽，谨顺其身。诗曰：“匪交匪舒，天子所予。”此之谓也。

百发失一，不足谓善射；千里蹞步不至，不足谓善御；伦类不通，仁义不一，不足谓善学。学也者，固学一之也。一出焉，一入焉，涂巷之人也；其善者少，不善者多，桀纣盗跖也；全之尽之，然后学者也。

君子知夫不全不粹之不足以为美也，故诵数以贯之，思索以通之，为其人以处之，除其害者以持养之。使目非是无欲见也，使耳非是无欲闻也，使口非是无欲言也，使心非是无欲虑也。及至其致好之也，目好之五色，耳好之五声，口好之五味，心利之有天下。是故权利不能倾也，群众不能移也，天下不能荡也。生乎由是，死乎由是，夫是之谓德操。德操然后能定，能定然后能应。能定能应，夫是之谓成人。天见其明，地见其光，君子贵其全也。

【作者简介】

荀子（约前313－前238），名况，时人尊而号为“卿”，西汉时为避汉宣帝刘询讳，又称孙卿，因“荀”与“孙”二字古音相通。战国末期赵国猗氏（今山西安泽县）人，先秦儒家学派的代表人物。曾两次出当时齐国的文化中心稷下（今山东临淄）游学，担任过列大夫的祭酒（学宫领袖）。还到过秦国，拜见了秦昭王。后来到楚国，任兰陵（今属山东）令。荀子对儒家思想有所发展，提倡“性恶论”，其学说常被后人拿来跟孟子的“性善说”比较。荀子对重新整理儒家典籍也有相当显著的贡献。与其弟子撰有《荀子》一书。[1]

【创作背景】

战国时期，奴隶制度进一步崩溃，封建制度逐步形成，历史经历着划时代的变革，许多思想家以不同的立场和角度出发，对当时的社会变革发表各自的主张，并逐渐形成墨家、儒家、道家和法家等不同的同派别，历史上称之为“诸子百家”。诸子百家纷纷著书立说，宣传自己的主张，批评别人，出现了“百家争鸣”的局面。荀子是战国后期儒学的代表人物。他认为自然界的存在不以人的意志为转移，但人们可以用主观努力去认识它，顺应它，运用它，为了揭示后天学习的重要意义，他创作了《劝学》一文，劝勉人们通过学习改变不良的思想和行为，振兴礼义，专心致志地去实践君子之道。[2][3]

参考资料

1. 方鸣. 新大学语文. 合肥：合肥工业大学出版社，2006：15-16
2. 王啟. 《荀子》白话今译. 北京：中国书店，1991：1-9
3. 黄岳洲. 中国古代文学名篇鉴赏辞典（上卷）. 北京：华语教学出版社，2013：96-102

图 3-16 案例运行结果

【案例分析】

这个案例的 HTML 页面设计中，运用了 <h1></h1>、<h2></h2> 以及 <h3></h3> 标题标签定义标题，使内容层次分明，也利用了换行标签、有序列表、水平线、上标标签等对内容格式进行了设计，使内容显示效果更为丰富。

思考与练习题

一、选择题

1. 创建最小的标题的文本标签是（　　）。

A. <pre></pre>　　　　　　　　　　　　　　B. <h1></h1>

C. <h6></h6>　　　　　　　　　　　　　　D. <b></b>

2. 设置水平线高度的 HTML 代码是（　　）。

A. <hr>　　　　　　　　　　　　　　　　B. <hr size=?>

C. <hr width=?>　　　　　　　　　　　　D. <hr noshade>

3. 在 HTML 中，段落标签是（　　）。

A. <html>…</html>　　　　　　　　　　　B. <head>…</head>

C. <body>…</body>　　　　　　　　　　　D. <p>…</p>

4. 在 HTML 中，表示换行的标签是（　　）。

A. <u>　　　　　　　　　　　　　　　　B. <b>

C.
　　　　　　　　　　　　　　　　　D. <h1>

5. 在 HMTL 中，加粗字体的文本标签是 (　　)。

A. <pre></pre>　　　　　　　　　　　　　B. <h1></h1>

C. <h6></h6>　　　　　　　　　　　　　　D. <b></b>

二、填空题

1. HTML5 文件中用 _____ 标签表示文件头部，其中 _____ 标签用来定义页面的标题。

2. <ol> 是 _____ 标签，如果希望自定义序号的样式，需要设置 _____ 的属性。

3. HTML5 中用 _____ 来表示注释内容。

三、简答题

1. HTML5 文件头部包括哪些内容？

2. HTML5 包括哪些基本标签？

模 块 4

网页中的多媒体

4.1 网页中插入图像

任何网页都少不了图片，一个图文并茂的网页，会使得用户的体验更好。

网页中的图片并不仅仅局限于一张漂亮的风景图，或一张新闻图。在网页中，很多小的元素都可以用图片呈现，如网站 Logo、网页导航栏背景、网页页面背景、网页模块边框等，在编辑网页时，合理搭配这些小的元素可以使网页的页面效果更具吸引力。

图片在网页中具有画龙点睛的作用，它能装饰网页，表达个人的情调和风格。但在网页中加入的图片越多，则会造成网页下载时间过长，使浏览者失去耐心。一般情况下，最好能用最少的字节数生成高质量的图片，网页中常用的图片格式有 JPEG、GIF、BMP、TIFF 和 PNG 等。

4.1.1 图片格式

网页图片格式分为两种：一种是位图，另一种是矢量图。

1. 位图

位图，又称为点阵图像，是由像素（图片元素）的单个点组成的。

通常位图又分为 8 位、16 位、24 位和 32 位。所谓 8 位图并不是指图像只有 8 种颜色，而是有 2^8（即 256）种颜色，8 位图是指用 8 个 bits 来表示颜色。从人眼的感觉来说，16 位色基本能满足需要了。24 位色又称为"真彩色"。2^{24}，大概是 1600 万种颜色之多，这个数字差不多是人眼可以分辨颜色的极限了。32 位色并不是 2^{32} 种颜色数，它其实也是 2^{24} 种颜色，不过它增加了 2^8 阶颜色的灰度，也就是 8 位透明度，因此就规定它为 32 位色。在制作页面时，设计者一般选择 24 位图像，32 位图像虽然质量好，但它同时也带来了更大的图像容量。如果一个页面使用体积过大的图像，会使得浏览器加载页面的速度变慢。事实上，一般肉眼也很难分辨 24 位图和 32 位图的区别。放大原始位图，图像效果会失真，缩小原始位图，同样会使图像效果失真，这是因为缩小图像，减少的是图像中像素的数量。

位图有三种格式：JPEG、PNG 和 GIF。

（1）JPEG 格式。

JPEG 可以很好地处理大面积色调的图像，如相片、网页中一般的图片。相比于

Windows 支持的 BMP 格式的图像，一般情况下同一图像的 BMP 格式的大小是 JPEG 格式的 5 ～ 10 倍，而 GIF 格式最多只能是 256 色，因此载入 256 色以上图像的 JPEG 格式成了 Internet 中最受欢迎的图像格式之一，但 JPEG 是一种不支持透明和动画的图片格式。

(2) PNG 格式。

PNG 支持透明信息。所谓透明，即图像可以浮现在其他页面文件或页面图像之上。可以说，PNG 是专门为 Web 创造的图像，通常大部分页面设计者在页面中加入 Logo 或者一些点缀的小图像时，都会选择使用 PNG 格式。由于 JPEG 格式图片容量较大，在保证图片清晰、逼真的前提下，网页中不可能大范围使用文件较大的 JPEG 格式图片，而 PNG 格式图片体积小，且无损压缩，能保证网页的打开速度，所以 PNG 格式图片是很好的选择。PNG 由于其优秀的特点，被称为"网页设计专用格式"。

(3) GIF 格式。

GIF 只支持 256 色以内的图像，所以，GIF 格式的颜色效果是很差的。但是，GIF 有一个最大的特点，就是可以制作动画。图像作者利用图像处理软件，将静态的 GIF 图像设置为单帧画面，然后把这些单帧画面连在一起，设置好一个画面到下一个画面的间隔时间，最后保存为 GIF 格式就可以了。这就是简单的逐帧动画。GIF 图像具有图像文件短小、下载速度快，可用许多同样大小的图像文件组成动画等优点，此外，它还可以在 GIF 中指定透明区域，使图像具有非同一般的显示效果。GIF 是支持透明、动画的图片格式，但只是 256 色。

总之，当处理色调复杂、绚丽的图像时，如照片、图画等，可使用 JPEG 格式；当处理一些 Logo、banner、简单线条构图时，适合使用 PNG 格式；GIF 格式通常适合表达动画效果。

2. 矢量图

矢量图，又称为"向量图"，是一种以数学描述的方式来记录图像内容的图像格式。如一个方程 y = kx，当这个方程体现在坐标系上时，设置不同的参数可以绘制不同角度的直线，这就是矢量图的构图原理。

矢量图最大的优点是，无论放大、缩小或旋转等，图像都不会失真；最大的缺点是难以表现色彩层次丰富的逼真图像效果 (图片效果差)。在网页中，比较少用到矢量图，一般在网页 Logo 和矢量插图中才有可能用到矢量图。矢量图主要用于印刷行业，因为矢量图放大并不会失真，这样在印刷时就不会出现毛边或者模糊的情况，这一点是 Photoshop 望尘莫及的。随着 3D MAX 和 Flash 的发展，我们主要利用矢量图来造型，然后导入到 3D MAX 或者 Flash 动画中使用。

矢量图的后缀一般有".ai"".cdf"".fh"和".swf"。".ai"后缀的文件是一种静帧的矢量文件格式；".cdf"后缀的文件多为工程图；而".swf"格式文件其实是指 Flash，Flash 也是页面中比较常见的一种动画。

4.1.2 绝对路径和相对路径

HTML 文档支持文字、图片、声音、视频等多媒体格式。在这些格式中，除了文本是写在 HTML 中的，其他都是嵌入式的，即 HTML 文档只记录了这些文件的路径，这些文件能够正确显示，路径至关重要。

路径的作用是定位一个文件的位置。文件的路径可以有两种表达方式：以当前文档为参照物表示文件的位置，即相对路径；以根目录打头表示文件的位置，即绝对路径。

为了方便讲述绝对路径和相对路径，以如图 4-1 所示的目录结构来说明。

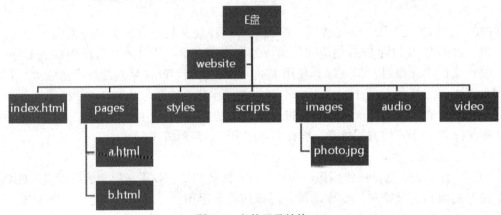

图 4-1　文件目录结构

1. 绝对路径

如图 4-1 所示，在 E 盘的 website 目录下的 images 下有一个 photo.jpg 图像文件，那么它的绝对路径就是 E:\website\images\photo.jpg，像这种完整地描述文件位置的路径就是绝对路径。

如果将图片文件 photo.jpg 插入网页 index.html 中，绝对路径表示方式如下：

　　E:\website\images\photo.jpg

如果使用绝对路径进行图片链接，那么在本地电脑中将一切正常，因为在 E:\website\images 路径下确实存在 photo.jpg 这个文件。但如果将文档上传到网站服务器上，就不会正常了，因为服务器给你划分的存放空间可能在 E 盘其他目录中，也可能在其他盘符中。

如果链接的资源是本站点内的，使用绝对路径对位置要求非常严格，因此，链接本站点内的资源不建议采用绝对路径。如果链接其他站点的资源，则必须使用绝对路径。

2. 相对路径

所谓相对路径，顾名思义就是以当前位置为参考点，自己相对于目标的位置。

例如，在 index.html 中链接 photo.jpg 就可以使用相对路径。如图 4-1 所示，index.html 和 photo.jpg 图片的路径可以这样来定位：从 index.html 位置出发，它和 images 属于同级，路径是通的，因此可以定位到 images，而 images 的下级就有 photo.jpg，所以使用相对路径表示图片如下：

　　images/photo.jpg

使用相对路径时，无论将这些文件放到哪里，只要 photo.jpg 和 index.html 文件的相对位置没有变就不会出错。

在相对路径中，".."表示上级目录，"../.."表示上级的上级目录，依次类推。例如，将 photo.jpg 图片插入 b.html 文件中，使用相对路径表示如下：

　　../images/photo.jpg

至此，细心的读者会发现，路径分隔符使用了"/"和"\"两种，其中"/"表示网络分隔符，"\\"表示本地分隔符。因为网站制作好后是在网络上运行的，因此要求使用"/"作为路径分隔符。

　　一个网站有许多的链接，怎么能保证它们的链接都正确，如果调整了一个图片或网页的存储路径，岂不是全乱了吗？如何提高工作效率呢？这时可以使用 Dreamweaver。Dreamweaver 工具的站点管理功能，不但可以将绝对路径自动转化为相对路径，并且当在站点中改动文件路径时，与这些文件关联的链接路径都会自动更改。

4.1.3　图像标签

　　在 HTML 中，图像使用 <img> 标签。img，即"image"（图像）。<img> 标签常用属性如表 4-1 所示。

表 4-1　<img> 标签常用属性

属　　性	值	说　　明
src	url	图像的文件地址
alt	text	图片显示不出来时的提示文字
title	text	鼠标移到图片上的提示文字
height	pixels	设置图像的高度
width	pixels	设置图像的宽度
border	pixels	设置图像的边框

　　对于 <img> 标签，只需要掌握它的三个属性 src、alt 和 title 即可。src 和 alt 这两个属性是 <img> 标签必不可少的属性。title 属性的值往往与 alt 属性的值相同。

1. src 属性

　　src，即"source"（源文件）。<img> 标签的 src 属性用于指定图像源文件所在的路径，它是图像必不可少的属性。

　　src 属性的语法如下：

　　　　<img src=" 图像文件的路径 "/>

　　说明：

　　<img> 标签是一个自闭合标签，没有结束标签。src 属性用于设置图像文件所在的路径，这个路径可以是相对路径，也可以是绝对路径，还可以是远程路径，如链接某个网站上的图片地址：src="http://www.baidu.com/img/1111.gif"。

　　【例 4-1】　src 属性用法。

　　　　<!doctype html>

　　　　<html>

　　　　　<head>

　　　　　　<meta charset="utf-8">

　　　　　　<title> 图像标签 </title>

　　　　　</head>

```
    <body>
        <img src="a.JPG">
    </body>
</html>
```

程序在浏览器中的预览效果如图 4-2 所示。

图 4-2　页面运行结果

2. alt 属性

alt 属性定义了 img 元素的备用内容，此内容会在图像无法显示时呈现（原因也许是无法找到图像文件，或者图像格式不被浏览器支持，或者用户所用的浏览器或设备无法显示图像）。随着互联网技术的发展，网速已经不是制约因素，因此一般都能成功下载图像。

alt 属性还有另外一个作用，在百度、Google 等大型搜索引擎中，搜索图片不如文字方便，如果给图片添加适当提示，则可以方便搜索引擎的检索。

alt 属性的语法如下：

```
<img alt=" 图像文件的提示文字 "/>
```

【例 4-2】　alt 属性用法。

```
<!doctype html>
<html>
  <head>
    <meta charset="utf-8">
    <title> 图像标签 </title>
  </head>
  <body>
    <img src="images/a.jpg" alt=" 这是一张鲜花图 ">
  </body>
</html>
```

当我们移动图片的位置或者将图片重命名使 html 文件找不到图片时，就会出现 alt 属性的提示文字，如图 4-3 所示。

这是一张鲜花图

图 4-3　页面运行结果

3. title 属性

title 属性有一个很好的作用，即为链接添加描述性文字，特别是当链接本身没有十分清楚地表达链接的目的时，这样就使得访问者知道那些链接会将他们带到什么地方，而不会加载一个可能完全不感兴趣的页面。title 属性同样可应用于图像标签，所起的作用是一样的。

title 属性的语法如下：

```
<img title=" 图像文件的提示文字 "/>
```

【例 4-3】　title 属性用法。

```
<!doctype html>
<html>
  <head>
    <meta charset="utf-8">
    <title> 图像标签 </title>
  </head>
  <body>
    <img src="a.jpg" alt=" 这是一张鲜花图 " title=" 美丽的鲜花 ">
  </body>
</html>
```

程序在浏览器中的预览效果如图 4-4 所示。

图 4-4　页面运行结果

4. width、height 属性

在 HTML5 中，还可以设置插入图像的显示大小，一般按原始图像尺寸显示，但也可以用属性 width(宽度) 和 height(高度) 任意设置尺寸。其语法如下：

```
<img src=" 图像文件的路径及名称 " width=" 宽度值 " height=" 高度值 ">
```

这里的宽度值和高度值可以为百分比或像素值，在设置时，可以只给出一个数值，计算机会根据图片原始比例计算出另一个数值，这样能够保证图像的显示比例不发生改变。

【**例 4-4**】 width、height 属性用法。

```
<!doctype html>
<html>
  <head>
      <meta charset="utf-8">
      <title> 设置图像的宽度和高度 </title></head>
  <body>
    <img src="image.jpg">
    <br>
    <img src="a.JPG" width="720" height="549"/>
  </body>
</html>
```

在 chrome 中运行上述代码，可得到和图 4-2 所示一样的结果。

注意：指定图像的高度和宽度是一个很好的习惯。如果图像指定了高度、宽度，页面加载时就会保留指定的尺寸。如果没有指定图片的大小，加载页面时有可能会破坏 HTML 页面的整体布局，因为图像在 HTML 标记处理完毕后才会加载，这就意味着如果你不指定 width 和 height 属性，浏览器就不知道该为图像留出多大的屏幕空间，造成的结果是，浏览器必须依赖图像文件本身来确定它的尺寸，然后重新定位屏幕上的内容来容纳它，这可能会让用户感觉到屏幕晃动，因为他们已经开始阅读 HTML 里直接包含的内容了。指定 width 和 height 属性可以让浏览器能够在图像尚未载入时正确摆放网页里的各个元素。

5. border 属性

在默认情况下，页面中插入的图像是没有边框的，可以通过 border 属性为图像添加边框，其语法格式如下：

```
<img src=" 图像文件的路径 " border=" 图像边框的宽度 ">
```

【**例 4-5**】 设置图像边框。

```
<!doctype html>
<html>
  <head>
      <meta charset="utf-8">
      <title> 设置图像的边框 </title>
  </head>
  <body>
    <img src="image.jpg">
    <img src="c.jpg" width="200" border="3">
  </body>
</html>
```

上述代码在浏览器中的查看效果如图 4-5 所示。

图 4-5　页面运行结果

4.1.4　背景图片

在插入图片时，用户可以将图片设为网页的背景，如果将 GIF 和 JPEG 文件作为背景，由于其图像尺寸小于页面，图像会进行重复。插入背景图片的语法如下：

```
<body background=" 图像文件的路径 ">
```

【例 4-6】　图片作为背景的用法。

```
<!doctype html>
<html>
  <head>
    <meta charset="utf-8">
    <title> 图像背景 </title>
  </head>
  <body background="b.jpg">
  </body>
</html>
```

上述代码在浏览器中的查看效果如图 4-6 所示。

图 4-6　页面运行效果

4.2　网页中插入音频和视频

网页中常见的多媒体文件包括音频文件和视频文件。

HTML5 定义了一些新元素 (audio、video)，它们支持在不借助插件的情况下在 HTML 文档嵌入音频和视频。

4.2.1　音频

HTML5 规定了在网页上嵌入音频元素的标准，即使用 <audio> 标签。HTML5 目前支持 3 种音频格式，分别为 Ogg、MP3 和 Wave。

表 4-2 是音频文件格式及描述。

表 4-2　音频文件格式及描述

格　式	文　件	描　　述
Wave	.wav	Wave(waveform) 格式是由 IBM 和微软开发的。所有运行 Windows 的计算机和所有网络浏览器 (除了 Google Chrome) 都支持它
Ogg	.ogg	Ogg(Ogg Vorbis) 支持多声道，但是能支持 Ogg 文件的播放器不是很多。Ogg 格式可以不断地进行大小和音质的改良，而不影响旧的编码器或播放器
MP3	.mp3 .mpga	MP3 文件实际上是 MPEG 文件的声音部分。MPEG 格式最初是由运动图像专家组开发的，MP3 是其中最受欢迎的针对音乐的声音格式

如果需要在 IITML5 网页中播放音频，基本格式如下：

```
<audio src=" 音频文件路径 " controls></audio>
```

其中，src 属性是规定要播放的音频的地址，controls 属性是 controls="controls" 的简写，提供播放、暂停和音量控件。在 <audio> 与 </audio> 之间插入的内容是浏览器不支持 <audio> 标签的提示文本。

【例 4-7】　在网页中插入音频。

```
<!doctype html>
<html>
  <head>
    <meta charset="utf-8">
    <title> 插入音频 </title>
  </head>
  <body>
    <audio src="track.mp3" controls> 您的浏览器不支持 audio 标签 </audio>
  </body>
</html>
```

上述代码在 IE 8 浏览器中的预览效果如图 4-7 所示。

图 4-7　IE 8 运行效果

上述代码在 Firefox 浏览器中的预览效果如图 4-8 所示。controls 属性在不同的浏览器中外观各异，图 4-8 只是其中一种。

图 4-8　Firefox 运行效果

注意：Internet Explorer 9+、Firefox、Opera、Chrome 和 Safari 都支持 <audio> 标签，而 Internet Explorer 8 及更早的 IE 版本则不支持 <audio> 标签。

<audio> 标签是 HTML 5 的新标签，用户可以通过修改 audio 的属性来修改 <audio> 标签的显示和播放状态，其功能描述见表 4-3。

表 4-3　<audio> 标签的属性

属　　性	值	描　　述
autoplay	autoplay	如果出现该属性，则音频在就绪后马上播放
controls	controls	如果出现该属性，则向用户显示控件，如播放按钮
loop	loop	如果出现该属性，则每当音频结束时重新开始播放
muted	muted	规定视频输出应该被静音
preload	preload	如果出现该属性，则音频在页面加载时进行加载，并预备播放；如果使用"autoplay"，则忽略该属性
src	url	要播放的音频的 URL

<audio> 标签和 <video> 标签都是 HTML5 新增加的标签，所以各种浏览器对其的支持情况有所不同。目前仍然没有哪一种格式能够被所有的浏览器原生播放。

表 4-4 是各浏览器支持的音频格式。

表 4-4　浏览器支持的音频格式

音频格式	Chrome 6+	Firefox 3.6+	IE 9+	Opera 10+	Safari 5+
Ogg	支持	支持	不支持	支持	不支持
MP3	支持	支持	支持	支持	支持
Wave	支持	支持	不支持	支持	支持

在现实生活中，网页访问者会使用各种浏览器，所以为了使所有人在访问网页时都可以正常地播放视频，需要在代码中做一些设计，即在 <audio> 标签中同时套用 audio 支持的三种音频格式文件，这就需要使用 <source> 标签。<source> 标签可以嵌套在 <audio> 标签里。

【例 4-8】　播放音频文件。

```
<!doctype html>
<html>
<head>
<meta charset="utf-8">
<title> 播放音频文件 </title>
</head>
<body>
<audio controls >
<source src="track.ogg"/>
<source src="track.wav"/>
```

```
<source src=" track.mp3"/>
您的浏览器不支持 audio 标签！
</audio>
</body>
</html>
```

此例展示了如何使用 <source> 标签来提供多种格式。在 chrome 浏览器中运行上面的代码，得到如图 4-9 所示的结果。

图 4-9　页面运行结果

4.2.2　背景音乐

给网页添加背景音乐，可以使浏览者在进入网站的同时能听到优美的音乐，大大增强网站的娱乐效果。

以前，如果我们想要在网页中插入背景音乐，使用的是 <bgsound> 标签，但是 <bgsound> 标签只适用于 IE 浏览器，在 Firefox 等中未必适用，兼容性非常差。HTML5 推出了 <embed> 标签，我们可以使用 <embed> 标签为网页添加背景音乐。

<embed> 标签的语法如下：

```
<embed src="" hidden="" loop=""/>
```

说明：src 属性定义了背景音乐的地址。

hidden 属性取值为 true 或 false。取值为 true 时不显示播放器，取值为 false 时显示播放器。

【例 4-9】　设置背景音乐。

```
<!doctype html>
<html>
<head>
<meta charset="utf-8">
<title> 网页中插入背景音乐 </title>
</head>
<body>
<embed src=" 铿锵玫瑰 - 田震 .mp3" hidden="false"></body>
</html>
```

在 chrome 浏览器中运行上面的代码，得到如图 4-10 所示的结果。

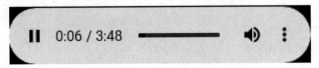

图 4-10　页面运行结果

4.2.3　视频

HTML5 中新增了 <video> 标签，用于在网页中嵌入视频元素，它支持 3 种视频格式，分别为 Ogg、WebM 和 MPEG4。

视频文件格式及其描述如表 4-5 所示。

表 4-5　视频文件格式及其描述

格　式	文　件	描　　述
Ogg	.ogg	Ogg 是一个自由且开放标准的容器格式，可以纳入各式各样自由和开放源代码的编解码器，包含音效、视频、文字与元数据的处理
WebM	.webm	WebM 是由 Google 提出的开放、免费的媒体文件格式。WebM 标准的网络视频是基于 HTML5 标准的。WebM 的格式相当有效率，可以在 netbook、tablet、手持式装置等上面顺畅地使用
MPEG4	.mp4	MPEG4 (with H.264 video compression) 是一种针对因特网的新格式。事实上，YouTube 推荐使用 MP4。YouTube 接受多种格式，然后全部转换为 .flv 或 .mp4 以供分发。越来越多的视频发布者转到 MP4，将其作为 Flash 播放器和 HTML5 的因特网共享格式

video 元素和 audio 元素有着很大的相似性。

如果需要在 HTML5 网页中播放视频，基本格式如下：

```
<video controls src=" 视频文件路径 "></video>
```

其中，src 属性是规定要播放的视频的地址，controls 属性是 controls="controls" 的简写，提供播放、暂停和音量控件。在 <video> 与 </video> 之间插入的内容是浏览器不支持 <video> 标签的提示文本。

【例 4-10】　在网页中插入视频。

```
<!doctype html>
<html>
<head>
<meta charset="utf-8">
<title> 插入视频 </title>
</head>
<body>
<video src="movieweb.mp4" controls> 您的浏览器不支持 video 标签 </video>
</body>
</html>
```

上述代码在 IE8 上的运行效果如图 4-11 所示。

您的浏览器不支持video标签

图 4-11　IE8 运行效果

上述代码在 chrome 上的运行效果如图 4-12 所示。

图 4-12　chrome 运行效果

同样地，用户可以通过修改 <video> 标签的属性来修改视频的显示和播放状态，具体见表 4-6。

表 4-6　<video> 标签属性

属　性	值	描　　述
autoplay	autoplay	如果出现该属性，则视频在就绪后马上播放
controls	controls	如果出现该属性，则向用户显示控件，比如播放按钮
height	pixels	设置视频播放器的高度
loop	loop	如果出现该属性，则当媒介文件完成播放后再次开始播放
muted	muted	规定视频的音频输出应该被静音
poster	URL	规定视频下载时显示的图像，或者在用户点击播放按钮前显示的图像
preload	preload	如果出现该属性，则视频在页面加载时进行加载，并预备播放。如果使用 "autoplay"，则忽略该属性
src	url	要播放的视频的 URL
width	pixels	设置视频播放器的宽度

在网页中添加一个视频文件并不是一件容易的事情。其原因是目前的视频文件种类非常多，而且视频文件涉及码率、帧等数据，目前还没有哪一种视频格式被普遍支持，如果你想将视频推向各种各样的 HTML5 用户，就要做好以多种格式编码视频的准备。表 4-7 给出了目前浏览器重点支持的几种视频格式。

表 4-7　浏览器支持的视频格式

视频格式	Chrome 6+	Firefox 3.6+	IE 9+	Opera 10+	Safari 5+
MP4	支持	支持	支持	支持	支持
WebM	支持	支持	不支持	支持	不支持
Ogg	支持	支持	不支持	支持	不支持

<video> 标签支持多个 <source> 标签，<source> 标签可以链接不同的视频文件，浏览器将使用第一个可识别的格式。

【例 4-11】 插入视频文件。

```
<!doctype html>
```

```
<html>
<head>
<meta charset="utf-8">
<title> 视频文件样例 </title>
</head>
<body>
<video controls width ="360">
<source src="movieweb.mp4"/>
<source src="movieweb.ogg"/>
<source src="movie.webm"/>
视频文件无法播放
</video>
</body>
</html>
```

此例展示了如何使用 <source> 标签来向浏览器提供备选视频格式。在 chrome 浏览器中运行上述代码，得到如图 4-13 所示效果。

图 4-13　页面运行结果

4.3　案例：制作图文并茂的网页

【案例描述】

这里有一个关于 2022 年 2 月 6 日中国女足亚洲杯夺冠新闻报道页面，页面有图片、视频、标题文字和段落文字。

【考核知识点】

标题标签 <h1>、段落标签 <p>、图片标签 <img>、视频标签 <video> 及其属性。

【练习目标】

(1) 学会使用标题标签和段落标签编辑文字信息。

(2) 学会在网页中插入图片，提供正确的 src 属性值，并设置图片的宽、高。

(3) 学会在网页中插入视频，正确设置其资源地址。

【案例源代码】

```
<!doctype html>
<html>
<head>
<meta charset="utf-8">
<title>3-2! 中国女足亚洲杯夺冠! </title>
</head>
<body>
<h1>3-2！中国女足亚洲杯夺冠，3 球逆转！水庆霞变阵奏效替补奇兵建功 </h1>
<hr>
<p>2 月 6 日晚上 19 点，女足亚洲杯决赛上演。中国队大战韩国队，王霜进入首发名单。上
半场中国女足打得更加自由主动，且快速进入状态。但是以弱者姿态出战的韩国队，并没有被中国
球员吓到，而是耐心寻找机会，伺机反扑！第 26 分钟，韩国队一次防守反击，强势打进一球。崔
有利门前抢点打门得分。上半场结束前，中国女足再次迎来不利消息！娄佳惠大意传球，力道太
小，直接被抢断，然后姚凌薇防守出现手球犯规的情况！这个动作没有逃过 VAR，裁判仔细观看
视频后，确认点球！池笑然面对上一场扑出 2 个点球的门将朱钰，轻松打进，韩国队将比分扩大到
2-0！ </p>
   <img src="1.png" width="640" height="449" />
   <p> 中场，中国队连续换下 2 人，娄佳惠和吴澄舒被换下。第 65 分钟，王珊珊终于回到熟悉
的锋线位置！而几分钟前，状态不佳、伤病没有恢复的王霜也被换下，而替补登场的是奇兵张琳
艳。接下来几分钟时间内，张琳艳直接爆发了，作为水庆霞此役派出的奇兵，她的登场要改写比赛
形势了！第 66 分钟，张琳艳射门制造点球，唐佳丽主罚打进，1-2！第 71 分钟，唐佳丽送出助攻，
张琳艳头球打进空门，比分来到 2-2！ </p>
   <p> 此后，韩国队开始换人！第 83 分钟，张睿调整一下，远射打门偏出。第 85 分钟，池笑
然远射打门，直接高出了。最后时刻，肖裕仪完成单刀绝杀，3-2！中国女足夺冠。王珊珊送出助
攻。肖裕仪也是替补登场，帮助中国队夺冠。</p>
   <img src="2.gif" width="568" height="275" />
   <p><img src="3.gif" width="543" height="262" /></p>
   <img src="4.png" width="640" height="426"/>
   <p> 同时，对于这场激动人心的赢球，《人民日报》也第一时间发文，给予了高度评价，文中
说：我们都知道，与日本苦战 120 分钟，中国女足姑娘的体能消耗有多大；我们都知道，带伤上阵
的王霜，要忍受多少疼痛；我们都知道，在 45 分钟的时间里实现两球落后的逆转是多么困难……
但是，我们更加相信，我们可以永远相信中国女足！史诗逆转、梦幻绝杀。重回亚洲巅峰，中国女
足的姑娘们，你们值得一切赞美 !</p>
   <video controls width ="360" height="240">
   <source src="win the game.MP4"/>
   <source src="win the game.ogg"/>
   </video>
```

```
</body>
</html>
```

【运行结果】

案例源代码的运行结果如图 4-14 所示。

3-2！中国女足亚洲杯夺冠，3球逆转！水庆霞变阵奏效替补奇兵建功

2月6日晚上19点，女足亚洲杯决赛上演，中国队大战韩国队，王霜进入首发名单。上半场中国女足打得更加自由主动，但快速进入状态。但靠以脚者姿态出战的韩国队，并没有被中国球员吓到，而是耐心寻找机会，伺机反扑！第26分钟，韩国队一次防守反击，强劲打进一球。眼有利门前抢点打门得分。上半场结束前，中国女足再次迎来不利消息！娄佳惠大意铲球，力道太小，直接被抢断，然后姚凌霜防守出现手球犯规的情况！这个动作没有通过VAR，裁判仔细观看视频后，确认点球！池笑然面对上一场扑出2个点球的门将朱钰，轻松打进，韩国队将比分扩大到2-0！

中场，中国队连续换下2人，娄佳惠和吴澄舒被换上。第65分钟，王珊珊终于回到熟悉的锋线位置！而几分钟前，状态不佳、伤病没有恢复的王霜也被换下，而替补登场的是奇兵张琳艳。接下来几分钟时间内，张琳艳真接爆发了，作为水庆霞此役派出的奇兵，她的登场要改写比赛形势了！第66分钟，张琳艳打门制造点球，唐佳丽主罚打进，1-2！第71分钟，唐佳丽送出助攻，张琳艳头球打逆空门，比分来到2-2！

此后，韩国队开始换人！第83分钟，张睿调整一下，远射打门偏出。第85分钟，她笑然远射打门，直接冒出了。最后时刻，肖裕仪完成单刀绝杀，3-2！中国女足夺冠。王珊珊送出助攻，肖裕仪也是替补登场，帮助中国队夺冠。

同时，对于这场激动人心的直播，《人民日报》也第一时间发文，给予了高度评价，文中说：我们都知道，与日本鏖战120分钟，中国女足姑娘的体能消耗有多大我们都知道，带伤上阵的王霜，要忍受多少疼痛我们都知道，在45分钟的时间里实现两球落后的逆转是多么困难……但是，我们更加相信，我们可以永远相信中国女足！史诗逆转、梦幻绝杀、重回亚洲巅峰，中国女足的姑娘们，你们值得一切赞美！

图 4-14　页面运行结果

【案例分析】

图文并茂是当今网页制作的基本要求，本网页利用标签 <img> 和 <p> 将文字和图片加入页面中，还利用 <video> 标签添加了视频。

思考与练习题

一、选择题

1. HTML 代码 <img src="logo.gif"> 表示（　　）。

A. 添加一个图像 　　　　　　　　　　　　B. 排列对齐一个图像

C. 设置图像的边框 　　　　　　　　　　　D. 加入一条水平线

2. 以下关于绝对路径的说法，正确的是（　　）。

A. 绝对路径是被链接文档的完整 URL，不包括使用的传输协议

B. 使用绝对路径需要考虑源文件的位置

C. 在绝对路径中，如果目标文件被移动，则链接同样可用

D. 创建外部链接时，必须使用绝对路径

3. HTML5 不支持的视频格式是（　　）。

A. Ogg 　　　　　　　　　　　　　　　　B. MP4

C. FLV 　　　　　　　　　　　　　　　　D. WebM

4. 为图片添加简要说明文字的属性是（　　）。

A. alt 　　　　　　　　　　　　　　　　B. src

C. word 　　　　　　　　　　　　　　　D. text

5. 在 HTML5 中，插入音频文件的标签是（　　）。

A. <title> 　　　　　　　　　　　　　　B. <sound>

C. <audio> 　　　　　　　　　　　　　　D. <music>

二、填空题

1. 若当前网页的位置为 C:\my documents\my web\index.html，链接页面的相对路径为 favorite.html，则该链接页面的绝对路径为 _____。

2. 网络上常用的图像格式有 _____、_____ 和 _____。

3. 在 HTML5 网页中嵌入视频文件使用 _____ 标签。

4. 在网页中嵌入背景音乐可以使用 _____ 标签。

三、判断题

1. ···/public/index.html 是一个绝对 URL。　　　　　　　　　　　　　（　　）

2. 使用相对地址时，符号 .. 表示上一级目录。　　　　　　　　　　　（　　）

3. audio 元素中可以嵌套多个 <source> 标签，浏览器加载成功后音频会默认自动播放。　　　　　　　　　　　　　　　　　　　　　　　　　　　　　　（　　）

4. 所有版本的浏览器都支持 <video> 标签和 <audio> 标签。　　　　　（　　）

5. 在 HTML5 中，用 <video> 标签加载的视频，浏览器加载成功后会默认自动播放。　　　　　　　　　　　　　　　　　　　　　　　　　　　　　　　（　　）

四、简答题

1. 网页中常用的图像格式 JPG、GIF 和 PNG 有什么不同？

2. 试述 <source> 标签的作用。

模 块 5

超 链 接

5.1 超 链 接 简 介

超链接是网页中最常见的元素，随处可见。

超级链接 (Hyperlink) 也称链接 (Link)，是指从一个网页指向一个目标的链接关系，所指向的目标可以是另一个网页，也可以是相同网页上的不同位置，还可以是图片、多媒体文件 (音频、视频)、电子邮件地址、文件，甚至是应用程序。利用超链接不仅可以进行网页间的相互访问，还可以使网页链接到其他相关的多媒体文件上。

5.1.1 文本超链接

1. 文本超链接概念

浏览网页时，会看到一些带下划线或不带下划线的文字，当光标移动到该文字上时，光标会变成手形，单击就会打开一个网页，这样的链接就是文本超链接。

2. 创建文本超链接

在 HTML 中，超链接使用 <a> 标签来表示，它是非常常见而简单的标签。

<a> 标签的语法如下：

    <a href=" 链接地址 "> 超链接文字 </a>

说明：通过使用 href 属性，创建由文本指向另外一个文档的链接；href 属性表示链接地址，即点击超链接之后跳转到的地址。

实现文本超链接时，把文字放到 <a></a> 标签对内部。

【例 5-1】 文本超链接。

```
<!DOCTYPE html>

<html xmlns="http://www.w3.org/1999/xhtml">

<head>

<title> 文本超链接 </title>

</head>

<body>

<a href="http://www.baidu.com"> 百度一下 </a>
```

```
</body>
</html>
```

上述代码在浏览器中的预览效果如图 5-1 所示，点击"百度一下"即可进入百度网站首页。

图 5-1　页面运行结果

5.1.2　图像超链接

1. 图像超链接概念

在网页中浏览内容时，若将光标移动到图像上时，光标会变成手形，单击会打开一个网页，这样的链接就是图像超链接。

2. 创建图像超链接

和实现文本超链接一样，创建图像超链接只需要把图片放到 <a></a> 标签对内部即可。

【例 5-2】 图像超链接。

```
<!DOCTYPE html>
<html xmlns="http://www.w3.org/1999/xhtml">
<head>
<title> 图像超链接 </title>
</head>
<body>
<a href="http://www.baidu.com"><img src="baidu.png" /></a>
</body>
</html>
```

同样，通过使用 href 属性，创建由图像指向另外一个文档的链接。

图 5-2　页面运行效果

上述代码在浏览器中的预览效果如图 5-2 所示，点击"百度"图片即可进入百度网站首页。

分析：img 元素的一个常见用法是结合 a 元素创建一个基于图像的超链接，它类似于表单里基于图像的提交按钮。

3. 设置图像的热区链接

除了对整幅图像设置超链接外，还可以将图像划分为若干区域，这叫作"热区"，每个区域可设置不同的超链接。此时，包含热区的图像可以称为映射图像。

使用图像热区链接，首先需要在图像文件中设置映射图像名，在图像的属性中使用 <usermap> 标签添加图像要引用的映射图像的名称。其语法如下：

```
<img src=" 图像文件的路径 " usermap="# 映射图像名称 ">
```

然后定义热区图像及热区的链接属性，其语法如下：

```
<map name =" 映射图像名称 ">
<area shape=" 热区形状 " coords=" 热区坐标 " href=" 链接地址 1"/>
<area shape=" 热区形状 " coords=" 热区坐标 " href=" 链接地址 2"/>
…
```

```
<area shape=" 热区形状 " coords=" 热区坐标 " href=" 链接地址 3"/>
</map>
```

在该语法中又引入了两个标签：<map> 和 <area>。<map> 和 </map> 标签用于包含多个 <area> 标签，其中 " 映射图像名称 " 就是在 <img> 标签中定义的名称。<area> 标签则用于定义各个热区和超链接，它有以下两个重要属性：

(1) shape 属性：用来定义热区形状，它有四个值。

- default：默认值，为整幅图像。
- rect：矩形区域。
- circle：圆形区域。
- poly：多边形区域。

(2) coords 属性：用来定义矩形、圆形或多边形区域的坐标。它的格式如下：

- 如果 shape = "rect"，则 coords 包含四个参数，分别为 left、top、right 和 bottom，也可以将这四个参数看成矩形左上角和右下角顶点的坐标。
- 如果 shape = "circle"，则 coords 包含三个参数，分别为 center-x、center-y 和 radius，即圆心坐标和圆的半径。
- 如果 shape = "poly"，则 coords 需要按顺序取多边形各个顶点 (x、y) 的坐标值，因此形式为 "x1, y1, x2, y2, …, xn, yn"，方向可以是逆时针，也可以是顺时针，HTML 会按照定义顶点的顺序将它们链接起来，形成多边形热区。

如果要定义的热区形状复杂，都可以用多边形热区来逼近，所以如果 shape = "poly"，则 coords 可能包含很多坐标值，且其数量必须是偶数。

【例 5-3】 平面图形热区链接。

```
<!doctype html>
<html>
<head>
<meta charset="utf-8">
<title> 热区链接 </title>
</head>


<body>
<h1> 请点击图像上的图形，查看其详细说明。</h1>
<img src="figures.jpg" usemap="#figures" alt="plane figures" />
<map name="figures">
   <area shape="circle" coords="826,457,64" href="#">
   <area shape="rect" coords="152,144,298,235" href="#">
   <area shape="rect" coords="441,134,560,245" href="#">
   <area shape="poly" coords="765,138,931,138,875,224,713,225" href="#">
   <area shape="poly" coords="484,415,585,415,631,517,435,515" href="#">
   <area shape="poly" coords="154,404,155,514,319,516" href="#">
</map>
```

```
    </body>
    </html>
```

上述代码在浏览器中的预览效果如图 5-3 所示。

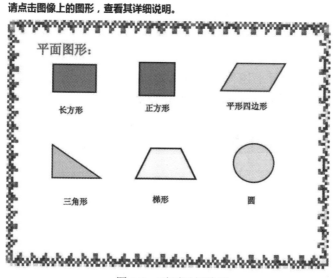

图 5-3　页面运行结果

如果你感兴趣，可以先在百度百科里搜索到平面图形的介绍，譬如搜索"长方形"，然后将 href 属性的值"#"用搜索到的地址代替，其他图形也如此一一替换，这样就实现了每一个热点区域可以链接到不同网页的资源。

5.2　超 链 接 标 签

5.2.1　<a> 标签语法

超链接标签 <a> 的 HTML 代码很简单，其语法如下：

```
<a href="url"> 链接文本或图像 </a>
```

其中，href 属性描述了链接的目标。

在介绍文本链接和图像链接时，我们将链接目标设置为百度首页，下面以文件下载链接为例，来拓宽对链接目标的认识。

网页除了可以提供信息浏览之外，还可以提供资源下载，所以就需要为资料文件提供下载链接。这里通过超链接指向的不是一个网页文件，而是其他文件，如 ZIP、RAR、MP3、EXE 文件等，单击链接时就会下载相应的文件。

下载文件链接的创建方法与一般链接的创建方法相同。

【例 5-4】　创建下载文件链接。

```
    <!doctype html>
    <html>
    <head>
```

```
<meta charset="utf-8">
<title> 文件下载 </title>
</head>

<body>
<a href="myfile.rar"> 文件下载 </a>
</body>
</html>
```

在 chrome 浏览器中运行上述代码的效果如图 5-4 所示，文件下载链接和文本链接很相似，不同的是文件下载链接点击文字后会有下载进度提醒。

图 5-4　页面运行效果

5.2.2　<a> 标签属性

1. href 属性

href 属性是 <a> 标签最重要的属性。

使用 <a> 标签可以实现网页超链接，但 <a> 标签需要定义锚 (anchor) 来指定链接目标。锚有两种用法，介绍如下：

(1) 通过 href 属性，创建指向另外一个文档的链接，链接对象既可以是同一网站中的资源 (内部链接)，也可以是外部网站的资源 (外部链接)。

(2) 通过使用 name 或 id 属性，创建一个 (大型) 文档内部的书签 (即锚点链接，将在5.3 节详细讲解)。

2. target 属性

target 属性的用途是告诉浏览器希望将所链接的资源显示在哪里。默认情况下，浏览器使用的是显示当前文档的窗口 (或标签页)，所以新文档将会取代正在显示的文档。

我们可以使用 target 属性来控制目标窗口的打开方式。

target 属性的语法如下：

<a href=" 链接地址 " target=" 目标窗口的打开方式 ">超链接文字 </a>

<a> 标签的 target 属性取值有 4 个，具体如表 5-1 所示。

表 5-1　target 属性值

属性值	描　　述
_blank	在新窗口中打开被链接文档
_self	默认在相同的框架中打开被链接文档
_parent	在父框架集中打开被链接文档
_top	在整个窗口中打开被链接文档

一般情况下，target 只用到"_self"和"_blank"这两个属性值，其他两个属性值不需要深究。

5.3 锚 点 链 接

浏览网页的时候，如果网页的内容比较多会导致页面过长，需要不断地拖拉滚动条来查看文档中的内容，这样很不方便。要避免这样的情况，那就需要在网页中使用锚点链接。

锚点链接是一种内部链接，它的链接对象是当前页面的某个部分。所谓锚点链接，就是点击某一个超链接，它就会跳到"当前页面"的某一部分。

锚点与链接的文字可以在同一个页面，也可以在不同的页面。在实现锚点链接之前，需要先创建锚点，通过创建的锚点才能对页面的内容进行引导与跳转。

创建锚点的语法格式如下：

<HTML 元素 id=" 锚点的名称 "></HTML 元素 >

同一页面中可以有多个锚点，但名称不能相同。一个锚点创建后，就可以使用锚点链接了。

在同一页面中使用锚点的语法格式如下：

<a href="# 锚点的名称 "></a>

在不同页面中使用锚点的语法格式如下：

<a href=" 链接路径 # 锚点的名称 "></a>

【例 5-5】 锚点链接。

<!doctype html>

<html>

<head>

<meta charset="utf-8">

<title> 锚点链接 </title>

</head>

<body>

<a href="#music"> 推荐音乐 </a>

<a href="#movie"> 推荐电影 </a>

<a href="#article"> 推荐文章 </a>

……

……

……

……

……

……

```
<div id="music">
<h3> 推荐音乐 </h3>
<ul>
<li> 张国荣 - 风继续吹 </li>
<li> 周深 - 大鱼 </li>
<li> 郁可唯 - 时间煮雨 </li>
</ul>
</div>
……<br />
……<br />
……<br />
……<br />
……<br />
……<br />
<div id="movie">
<h3> 推荐电影 </h3>
<ul>
<li> 马达加斯加的企鹅 </li>
<li> 上帝也疯狂 </li>
<li> 寻梦环游记 </li>
</ul>
</div>
……<br />
……<br />
……<br />
……<br />
……<br />
……<br />
<div id="article">
<h3> 推荐文章 </h3>
<ul>
<li> 朱自清 - 背影 </li>
<li> 余光中 - 乡愁 </li>
<li> 鲁迅 - 故乡 </li>
</ul>
</div>
</body>
</html>
```

此例有三个锚点链接。第一个锚点链接将其 href 属性值设置为 #music，当用户点击这个链接时，浏览器将在文档中查找一个 id 属性值为 music 的元素。如果该元素不在视野之中，浏览器会将文档滚动到能看见它的位置。

上述代码在浏览器中的预览效果如图 5-5 所示。

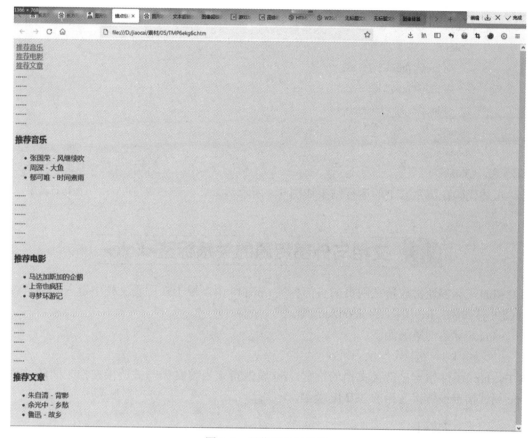

图 5-5　浏览器运行效果

仔细观察上面的代码可知，锚点链接要定义两部分：目标锚点的 id 和超链接部分。

想一想：点击锚点链接后的请求 URL 地址有什么变化？

练一练：如果要回到页首应如何设置锚点？

5.4　导航链接标签<nav>

导航链接标签 <nav> 是 HTML5 中的新标签，它用来将具有导航性质的链接划分在一起，使代码结构在语义化方面更加准确，同时对于屏幕阅读器等设备的支持也更好。

<nav> 标签的语法如下：

        <nav> 内容 </nav>

【例 5-6】　导航链接。

        <!doctype html>

        <html>

```
<head>
<meta charset="utf-8">
<title> 导航链接标签 </title>
</head>
<body>
  <nav>
    <a href="/html/">HTML</a> |
    <a href="/css/">CSS</a> |
    <a href="/js/">JavaScript</a> |
  </nav>
</body>
</html>
```

上述代码在浏览器中的运行结果如图 5-6 所示。

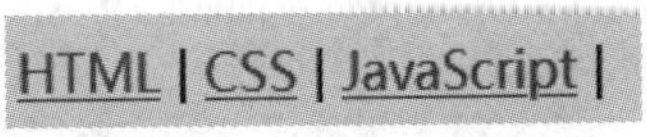

HTML | CSS | JavaScript |

图 5-6　页面运行结果

5.5　文档与外部资源的关系标签 <link>

<link> 标签通常放置在网页的头部标签 <head> 内，用于在网页文档中链入外部资源，如 CSS 样式表、ico 图标 (favicon.ico) 等。

<link> 标签的语法如下：

```
<link href="" rel="" type=""/>
```

其中，href 属性指定被链接文档的位置，rel 属性指定当前文档与被链接文档之间的关系，type 属性指定被链接文档的 MIME 类型。

5.5.1　样式表链接

【例 5-7】　链接 CSS 样式表。

```
<!doctype html>
<html>
<head>
<meta charset="utf-8">
<title> 链接 css 样式表 </title>
<link href="css5.css" rel="stylesheet" type="text/css"/>
</head>
<body>
<hr>
</body>
</html>
```

链接外部 CSS 样式表将在后面章节详细介绍，此处我们只需了解 <link> 标签的语法即可。

5.5.2 ico 图标引入

除了 CSS 样式表，link 元素最常见的作用是定义与页面联系在一起的图标。各种浏览器处理这种图标的方式有所不同，常见的做法是将其显示在浏览器标题栏网页标题前或收藏夹中相应的项目前 (如果用户收藏了这个页面的话)。

要想使用网页图标，需要在页面 <header> 标签中添加一个 link 元素，其语法如下：

```
<link rel="icon" href="favicon.ico" type="image/x.icon" />
```

其中，图标文件 favicon 必须是 16×16 或者 32×32 的，必须是 8 位色或者 24 位色的，格式必须是 png、ico 或者 gif 格式，添加后该图标将会出现在浏览器上该网页的标签之前，如图 5-7 所示。

图 5-7　百度网站 ico

提示：如果网页图标文件的位置在服务器的根目录，那就不必用到 link 元素，大多数浏览器在载入页面时都会自动请求这个文件，就算没有 link 元素也是如此。

5.6　案例：实现站点内部链接

【案例描述】

内部链接是指超链接的链接对象是在同一个网站中的资源。与自身网站页面有关的链接也被称为内部链接。

建立一个网站站点 website，其文件目录结构如图 5-8 所示。

图 5-8　website 文件目录结构

如果在网页 1 中点击超链接能跳转到网页 2 或者网页 3，这就是"内部链接"，因为这三个页面都在同一个网站根目录下。

【考核知识点】

相对路径、target 属性。

【练习目标】

(1) 使用超链接时，链接路径要正确。

(2) 会使用 <a> 标签的 target 属性设置超链接的打开方式。

【案例源代码】

我们按照图 5-8 建立三个页面，代码如下。

网页 1 代码：

```
<!doctype html>
<html>
<head>
<meta charset="utf-8">
<title> 超链接之内部链接 </title>
</head>
<body>
<a href=" 网页 2.html" target="_blank"> 跳转到网页 2</a>
<a href="test\ 网页 3.html"> 跳转到网页 3</a>
</body>
</html>
```

网页 2 代码：

```
<!DOCTYPE html>
<html>
<head>
<title> 网页 2 </title>
</head>
<body>
<p><strong> 这是网页 2</strong></p>
</body>
</html>
```

网页 3 代码：

```
<!DOCTYPE html>
<html>
<head>
<title> 网页 3 </title>
</head>
<body>
```

```
<p><strong>这是网页 3</strong></p>
</body>
</html>
```

【运行结果】

源代码运行结果如图 5-9、图 5-10 所示。

图 5-9　网页 1 运行效果

图 5-10　网页 2、网页 3 运行效果

【案例分析】

在内部链接中，链接地址使用的都是相对路径。

由图 5-9、图 5-10 可以看到，网页 3 是默认在当前窗口中打开的，可以回到网页 1 中去，而网页 2 因为添加了 target="_blank"，是在一个新窗口中载入的，后退按钮是灰色的，不能回到网页 1 中去。

思考与练习题

一、选择题

1. 创建超链接的标签是 (　　　)。

A. <pre></pre> 　　　　　　　　　　B. <hr></hr>

C. <a></a> 　　　　　　　　　　　D. <p></p>

2. 定义文档与外部资源的关系标签应该放在 (　　　) 标签中。

A. <head></head> 　　　　　　　　 B. <body></body>

C. <p></p> 　　　　　　　　　　　D. <span></span>

3. 在 HTML 中，(　　　) 是段落标签。

A. <html>…</html> 　　　　　　　　B. <head>…</head>

C. <body>…</body> 　　　　　　　　D. <p>…</p>

4. HTML5 中的导航链接标签是 (　　　)。

A. <div> 　　　　　　　　　　　　B.

C. <nav> 　　　　　　　　　　　　D. <h1>

5. 文档与外部资源的关系标签可以出现 (　　　) 次。

A. 1 　　　　　　　　　　　　　　B. 2

C. 3   D. 任意

二、填空题

1. 如果超链接在新的页面中打开，需要在 <a> 标签中设置 _____ 属性，属性值应设置为 _____。

2. 超链接标签中的 href 属性可能的值包括 _____、_____ 和 _____。

3. <link> 标签中 rel 属性定义的是当前文档和 _____ 之间的关系。

4. 浏览器上当前网页标题之前如果需要显示图标，需要将该图标文件放在_____标签中引用，MIME 类的值设置为 _____。

5. _____ 标签是与导航相关的，一般用于网站导航布局。

三、简答题

1. 什么是 URL？
2. URL 通常分为哪几类？

模块 6

创 建 表 格

6.1 表格基本结构

表格的主要用途是以网格的形式显示二维数据。本章主要介绍用来制作表格的 html 元素。

表格在前端开发中用得很多，因为使用表格可以更清晰地排列数据。例如菜鸟教程网中就大量使用了表格，如图 6-1 所示。

HTML 表格标签

标签	描述
<table>	定义表格
<th>	定义表格的表头
<tr>	定义表格的行
<td>	定义表格单元
<caption>	定义表格标题
<colgroup>	定义表格列的组
<col>	定义用于表格列的属性
<thead>	定义表格的页眉
<tbody>	定义表格的主体
<tfoot>	定义表格的页脚

图 6-1 菜鸟教程网中的表格数据

有三个标签是每个表格必须要有的：<table></table>、<tr></tr>、<td></td>。

表格由 <table></table> 标签来定义。table 是 HTML 用以支持表格式内容的核心元素，它表示 HTML 文档中的表格。

tr 表示表格中的行。HTML 是基于行的，单元格的定义都要放在 tr 元素中，而表格则是一行一行地组建起来的。

每行被分割为若干单元格 (由 <td> 标签定义)。字母 td 指表格数据 (table data)，即数据单元格的内容。数据单元格可以包含文本、图片、列表、段落、表单、水平线、表格等。

<tr></tr> 标签和 <td></td> 标签都要在表格的开始标签 <table> 和结束标签 </table> 之间才有效。语法如下：

```
<table>
    <tr>
        <td> 内容 </td>
    </tr>
</table>
```

说明：tr，即"table row"(表格行)。td，即"table data cell"(表格单元格)。<table> 和 </table> 标记着表格的开始和结束；<tr> 和 </tr> 标记着行的开始和结束；<td> 和 </td> 标记着单元格的开始和结束。表格中包含几组 <tr></tr> 就表示该表格为几行。

【例 6-1】 一个两行两列的表格。

```
<!DOCTYPE html>
<html>
<head>
<title> 表格基本结构 </title>
</head>
<body>
<table border="1">
<!-- 第 1 行 -->
<tr>
<td> 第一行第一列 </td>
<td> 第一行第二列 </td>
</tr>
<!-- 第 2 行 -->
<tr>
<td> 第二行第一列 </td>
<td> 第二行第二列 </td>
</tr>
</table>
</body>
</html>
```

上述代码在浏览器中的预览效果如图 6-2 所示，但是这个表格非常简单，不足以显示出表格的基本结构。

| 第一行第一列 | 第一行第二列 |
| 第二行第一列 | 第二行第二列 |

图 6-2 页面运行效果

6.2 表格中的其他标签

6.2.1 表格标题标签

表格一般都有一个标题，表格的标题使用 <caption> 标签。默认情况下，表格的标题位于整个表格上方，且一个表格只能含有一个表格标题。

  <caption> 标签的语法如下：

```
<table>
<caption> 表格标题 </caption>
<tr>
<td></td>
</tr>
</table>
```

【例 6-2】 带标题的表格。

```
<!DOCTYPE html>
<html>
<head>
<title> 表格标题标签 </title>
</head>
<body>
<table border="2">
<caption> 考试成绩表 </caption>
<tr>
<td> 宋江 </td>
<td>80</td>
<td>80</td>
<td>80</td>
</tr>
<tr>
<td> 卢俊义 </td>
<td>90</td>
<td>90</td>
<td>90</td>
</tr>
<tr>
<td> 吴用 </td>
<td>100</td>
<td>100</td>
<td>100</td>
</tr>
</table>
</body>
</html>
```

上述代码在浏览器中的预览效果如图 6-3 所示。

图 6-3 页面运行效果

table 元素最棒的特性之一是网页设计者不必操心尺寸的问题，浏览器会调整行与列的尺寸以维持表格的形式。

默认情况下，表格是没有边框的。为表格添加边框，推荐使用 CSS 样式。上例中通过 border 属性设置边框是为了让读者更清楚地看到表格结构。

6.2.2 表头标签

表格的表头标签 <th> 是单元格标签 <td> 的一种变体，它的本质还是一种单元格。它一般位于第一行，用来表明这一行或列的内容类别。表头有一种默认样式：浏览器会以粗体和居中的样式显示 <th></th> 标签中的内容。

<th> 标签和 <td> 标签在本质上都是单元格，但是并不代表两者可以互换使用。这两者的根本区别在语义上。th，即 "table header"（表头单元格）；而 td，即 "table data cell"（单元格）。

<th> 标签语法如下：

```
<table>
<caption> 表格标题 </caption>
<tr>
<th> 表头单元格 1</th>
<th> 表头单元格 2</th>
…
</tr>
<tr>
<td></td>
<td></td>
…
</tr>
</table>
```

【例 6-3】 带标题和表头的表格。

```
<!DOCTYPE html>
<html>
<head>
<title> 表格表头标签 </title>
</head>
<body>
<table borborder="2">
<caption> 考试成绩表 </caption>
<tr>
<th> 姓名 </th>
<th> 语文 </th>
<th> 英语 </th>
```

```
<th> 数学 </th>
</tr>
<tr>
<td> 宋江 </td>
<td>80</td>
<td>80</td>
<td>80</td>
</tr>
<tr>
<td> 卢俊义 </td>
<td>90</td>
<td>90</td>
<td>90</td>
</tr>
<tr>
<td> 吴用 </td>
<td>100</td>
<td>100</td>
<td>100</td>
</tr>
</table>
</body>
</html>
```

上述代码在浏览器中的预览效果如图 6-4 所示。

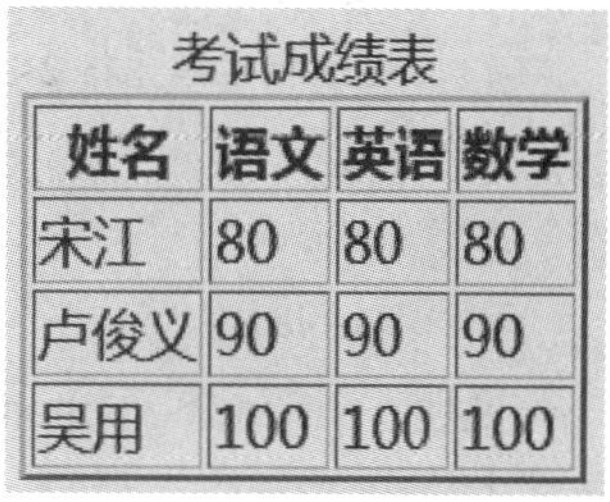

考试成绩表

姓名	语文	英语	数学
宋江	80	80	80
卢俊义	90	90	90
吴用	100	100	100

图 6-4　页面运行效果

6.2.3　表格语义化标签

在前面，我们学习了如下标签：<table> 标签 (表格)、<tr> 标签 (行)、<td> 标签 (标准单元格)、<caption> 标签 (标题) 和 <th> 标签 (表头单元格)。

为了更深一层对表格进行语义化，HTML 引入了 <thead>、<tbody> 和 <tfoot> 这三个标签。这三个标签把表格分为三部分：表头、表身、表脚。有了这三个标签，表格的 HTML 代码语义更加良好，结构更加清晰。

<thead>、<tbody> 和 <tfoot> 标签的语法如下：

```
<table>
<caption> 表格标题 </caption>
<!-- 表头 -->
<thead>
<tr>
<th> 表头单元格 1</th>
<th> 表头单元格 2</th>。
```

```
</tr>
</thead>
<!-- 表身 -->
<tbody>
<tr>
<td> 标准单元格 1</td>
<td> 标准单元格 2</td>
</tr>
<tr>
<td> 标准单元格 1</td>
<td> 标准单元格 2</td>
</tr>
</tbody>
<!-- 表脚 -->
<tfoot>
<tr>
<td> 标准单元格 1</td>
<td> 标准单元格 2</td>
</tr>
</tfoot>
</table>
```

说明：<thead>、<tbody> 和 <tfoot> 这三个标签也是表格中非常重要的标签，它们在语义上区分了表头、表身、表脚。

完整表格结构应该包括表格标题 (caption)、表头 (thead)、表身 (tbody) 和表脚 (tfoot)四部分。表格有了结构之后的一大好处是区别处理不同部分更简单了，尤其是在涉及 CSS选择器的时候。

【例 6-4】 表格的语义化结构。

```
<!doctype html>
<html>
<head>
<title> 表格语义化 </title>
</head>
<body>
<table border="2">
<caption> 考试成绩表 </caption>
<thead>
<tr>
<th> 姓名 </th>
<th> 语文 </th>
```

```
<th> 英语 </th>
<th> 数学 </th>
</tr>
</thead>
<tbody>
<tr>
<th> 宋江 </th>
<td>80</td>
<td>80</td>
<td>80</td>
</tr>
<tr>
<th> 卢俊义 </th>
<td>90</td>
<td>90</td>
<td>90</td>
</tr>
<tr>
<th> 吴用 </th>
<td>100</td>
<td>100</td>
<td>100</td>
</tr>
</tbody>
<tfoot>
<tr>
<th> 平均分 </th>
<td>90</td>
<td>90</td>
<td>90</td>
</tr>
</tfoot>
</table>
</body>
</html>
```

考试成绩表			
姓名	语文	英语	数学
宋江	80	80	80
卢俊义	90	90	90
吴用	100	100	100
平均分	90	90	90

图 6-5 页面运行效果

上述代码在浏览器中的预览效果如图 6-5 所示，且表脚往往都是用于统计数据的。

从图 6-5 中对于表格的显示效果来说，<thead>、<tbody>、<tfoot> 这三个标签加与没加没有区别，但是加了之后会让代码更具有逻辑性。还有一点就是：我们不断地提及"语义化"这个词，这是因为 HTML 语义结构极其重要，特别是针对搜索引擎而言。<thead>、<tbody>、<tfoot> 除了使得代码更有语义化，还有一个很重要的作用：方便分块控制表格的 CSS 样式。

6.3 表格的常见属性

6.3.1 表格边框

1. 表格边框宽度

table 元素定义了 border 属性。border 属性规定表格边框的粗细，其语法格式如下：

```
<table border="">
```

border 属性的值必须设置为数字 (单位：像素) 或者空字符串 ("")。

使用 border 属性就是告诉浏览器：这个表格是用来表示表格式数据而不是用来布置其他元素的。

大多数浏览器见到 border 属性后会在表格和每个单元格周围绘出边框。浏览器显示的默认边框并不美观，所以使用 border 属性之后通常还要用 CSS 进行美化：表格的外边框可以通过 table 元素控制；表头、表格主体和表脚可以分别通过 thead、tbody 和 tfoot 元素控制；各个单元格可以通过 th 和 td 元素控制。

HTML5 对表格的支持最大的变化是表格再也不能用来处理页面布局了，而必须依靠 CSS 的相关功能来处理。

2. 表格边框颜色

表格边框颜色在默认情况下是灰色的，可以使用 bordercolor 属性设置边框的颜色，其语法格式如下：

```
<table border=" 边框宽度值 " bordercolor=" 颜色值 ">
```

其中，边框宽度值大于 0(否则无法显示边框的颜色)，颜色值为十六进制的颜色值或颜色的英文名称。

6.3.2 合并单元格

设计表格时，有时候需要将两个或更多的相邻单元格组合成一个单元格，类似 Word 表格中的"合并单元格"。在 HTML 中，这就需要用到"合并行"和"合并列"。合并行使用 <td> 标签的 rowspan 属性，而合并列则使用 <td> 标签的 colspan 属性。

1. 合并行 rowspan

rowspan 属性的作用是指定单元格纵向跨越的行数，其语法格式如下：

```
<td rowspan=" 跨度的行数 ">
```

【例 6-5】 一个简单的表格。

```
<!doctype html>

<html>
```

```
<head>
<meta charset="utf-8">
<title> 三行三列表格 </title>
</head>

<body>
<table border="1">
<!-- 第 1 行 -->
<tr>
<td>1</td>
<td>2</td>
<td>3</td>
</tr>
<!-- 第 2 行 -->
<tr>
<td>4</td>
<td>5</td>
<td>6</td>
</tr>
<!-- 第 3 行 -->
<tr>
<td>7</td>
<td>8</td>
<td>9</td>
</tr>
</table>
</body>
</html>
```

图 6-6 页面预览效果

上述代码在浏览器中的预览效果如图 6-6 所示。

如果想让中间一列的一个单元格横跨三行，则应设置 2 号单元格的 rowspan 属性，格式为：<td rowspan="3">2</td>。此外，扩展后的单元格应将所覆盖的单元格元素删除，此例中也就是删除 5 号和 8 号单元格，见例 6-6。

【例 6-6】 合并行。

```
<!doctype html>
<html>
<head>
<meta charset="utf-8">
<title> 行合并 </title>
</head>
```

```
<body>
<table border="1">
<!-- 第 1 行 -->
<tr>
<td>1</td>
<td rowspan="3">2</td>
<td>3</td>
</tr>
<!-- 第 2 行 -->
<tr>
<td>4</td>
<td>6</td>
</tr>
<!-- 第 3 行 -->
<tr>
<td>7</td>
<td>9</td>
</tr>
</table>
</body>
</html>
```

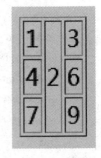

图 6-7　页面预览结果

上述代码在浏览器中的预览效果如图 6-7 所示。

2. 合并列 colspan

在 HTML 中，表格的合并列是指将几个列进行合并，即横向合并单元格，通过 colspan 属性来完成，其语法格式如下：

        `<td colspan=" 跨度的列数 ">`

如果我们要将例 6-5 中最后一行的一个单元格横跨所有三列，应该怎么设置呢？

显然我们应该设置 7 号单元格的 colspan 属性，格式为：`<td colspan="3">7</td>`，且删除 8、9 号单元格元素。

注意：colspan 和 rowspan 属性应该用在要占据的网格左上角的那个单元格上。正常情况下它所跨越的位置上的 td 和 th 元素此时则被省略。

6.4　案例：制作简历

【案例描述】

个人简历是一种常见的表格，下面我们来做一个结合了表格常见属性的个人简历网页。

【考核知识点】

(1) 元素：table、tr、td、caption。

(2) 属性：background、colspan、rowspan。

【练习目标】

(1) 会使用三个核心元素 table、tr 和 td 生成基本的表格。

(2) 会使用 caption 元素为表格添加标题。

(3) 会使用 table 的 background 属性添加背景图片。

(4) 会使用 colspan、rowspan 属性进行单元格合并。

【案例源代码】

```
<!doctype html>
<html>
<head>
<meta charset="utf-8">
<title> 表格的常见属性 </title>
</head>


<body>
<table border="1" cellpadding="10" cellspacing="0" background="sunwk.jpg">
    <caption> 个人简历 </caption>
    <tr>
        <th rowspan="5"> 基本信息 </th>
        <td> 姓名 </td><td> 孙悟空 </td>
    </tr>
    <tr>
        <td> 性别 </td><td> 男 </td>
    </tr>
    <tr>
        <td> 出生日期 </td><td>1560-1-1</td>
    </tr>
    <tr>
        <td> 婚否 </td><td> 否 </td>
    </tr>
    <tr>
        <td > 爱好 </td><td ></td>
    </tr>
    <tr>
        <th> 求职意向 </th><td colspan="2"></td>
    </tr>
```

```
        </table>
    </body>
</html>
```

【运行结果】

源代码在网页中的运行结果如图 6-8 所示。

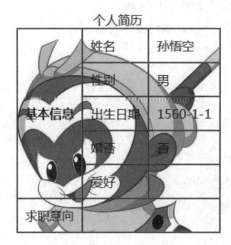

图 6-8　页面运行效果

【案例分析】

本网页设置了 <caption></caption> 标题，通过单元格合并将个人信息有序地展示了出来，设置了单元格间距以及单元格内容与单元格边框之间的距离，并为整个表格设置了背景图像。

思考与练习题

一、选择题

1. 创建表格的标签是 (　　)。

A. `<h2></h2>`　　　　　　　　　　　　　B. `<a></a>`

C. `<table></table>`　　　　　　　　　　D. `<b></b>`

2. 表格中创建一行需要用到的标签是 (　　)。

A. `<hr>`　　　　　　　　　　　　　　　B. `<ht></ht>`

C. `<thead></thead>`　　　　　　　　　　D. `<tr></tr>`

3. 在表格中创建一个单元格的标签是 (　　)。

A. `<td>…</td>`　　　　　　　　　　　　B. `<thead>…</thead>`

C. `<tbody>…</tbody>`　　　　　　　　　D. `<P>…</P>`

4. 在表格中设置表格标题的标签是 (　　)。

A. `<h3>…</h3>`　　　　　　　　　　　　B. `<thead>…</thead>`

C. `<tbody>…</tbody>`　　　　　　　　　D. `<caption>…</caption>`

二、填空题

1. 要给表格添加表格线，可以在 <table> 标签中设置 _____ 属性，但是该属性只改变表格的 _____ 边框。

2. 表格的背景颜色和背景图片分别需要在对应的标签中设置 _____ 和 _____ 属性。

3. 如果表格需要合并横向单元格，则在 <td> 标签中设置 _____ 属性，如果要合并纵向单元格，则设置 _____ 属性。

4. 表格标签中通过 _____ 属性定义单元格的宽度，单位为 _____ 或 _____。

5. 一行表格中所有单元格的高度取决于该行中 _____ 标签设置的最大高度。

三、操作题

1. 将本学期的课程表做成一个网页。

2. 使用表格制作当前月份的月历网页。

模 块 7

表 单 的 应 用

7.1 认识表单

"表单"听起来比较陌生，其实在互联网上随处可见，如用户登录界面、会员注册页面、问卷调查、评论交流等都是表单的应用。简单来说，表单的作用就是用来实现用户与网页的交互、沟通。表单收集来自用户的信息，并将信息发送给服务器做进一步处理。

7.1.1 表单的构成

一个完整的表单通常由表单域、提示信息和表单控件构成，如图 7-1 所示。整个表单区域称为表单域，它相当于一个容器，容纳了所有的表单控件和提示信息；表单中的提示信息是指一些说明性文字，如提示用户进行填写和操作等；表单控件是指表单功能项，如文本输入框、密码输入框、单选按钮、提交按钮等。表单的信息需要通过表单域才能传送到后台服务器。

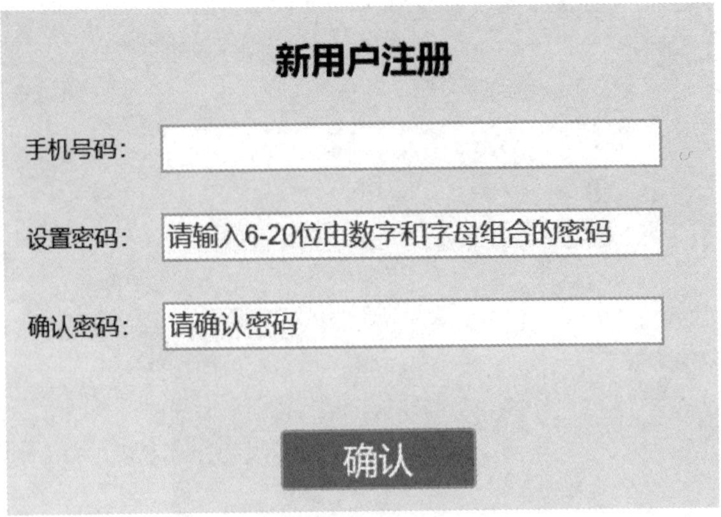

图 7-1 表单的构成

7.1.2 创建表单

在 HTML 中，我们使用 <form></form> 标签创建表单，由 <form></form> 标签定义的区域即表单域。创建表单的基本语法格式如下：

```
<form action="url 地址 " method=" 提交方式 " name=" 表单名称 ">
    各种表单控件
</form>
```

【例 7-1】 创建表单。

```
<!doctype html>
<html>
<head>
<meta charset="utf-8">
<title> 例 7-1</title>
</head>
<body>
<form action="#" method="post"><!-- 表单域 -->
    <table>
        <tr>
            <td>用户名：</td>         <!-- 提示信息 -->
            <td>
                <input type="text" value=" 张三 " /><!-- 表单控件 -->
            </td>
        </tr>
        <tr>
            <td>密 码：</td>          <!-- 提示信息 -->
            <td>
                <input type="password"/>          <!-- 表单控件 -->
            </td>
        </tr>
        <tr>
            <td colspan="2" align="center">
                <input type="submit" value=" 提交按钮 " />          <!-- 表单控件 -->
            </td>
        </tr>
    </table>
</form>
</body>
</html>
```

上述代码在浏览器中的预览效果如图 7-2 所示。

用户名: 张三

密码: ········

提交按钮

图 7-2　创建表单

本例中，由 <form></form> 标签定义了表单域，表单内部包含了提示信息及 3 个表单控件。表单的属性及控件将在后面详细介绍。

7.2　<form>标签属性

<form> 标签拥有多个属性，通过这些属性可以设置接收表单信息的服务器地址、表单的提交方式、表单验证等，在学习 Web 后端技术 (如 JSP 或 PHP) 后，会更容易理解它们。下面介绍 <form> 标签的几个重要属性。

1. action 属性

action 属性用于指定表单数据提交到哪个地址进行处理，这个地址一般是服务器中表单处理程序的地址。例如：

<form action="form_action.php">

即表示当提交表单时，表单数据会传送到后端程序 "form_action.php" 中去处理。

action 属性值可以是相对地址也可以是绝对地址，还可以是邮箱地址。例如：

<form action="mailto:htmlstudy@163.com">

即表示当提交表单时，表单数据会以电子邮件的形式传递出去。

2. method 属性

method 属性用于设置表单数据的提交方式，其取值为 get 或 post，如表 7-1 所示。

表 7-1　method 属性值及说明

属性值	说　　明
get	默认值，将表单数据以名称 / 值对的形式附加到页面地址栏中提交。表单数据和页面地址之间用 "?" 号相连，如：URL?name=coco&psw=123
post	将表单数据附加到 HTTP 请求的 body 内发送到处理程序上

从表 7-1 可知，get 为 method 属性的默认值，采用 get 方法，提交的数据将显示在浏览器的地址栏中，保密性差，且有数据量的限制 (大约 3000 字符)。而 post 方式的保密性好，并且无数据量的限制，在实际开发中，通常选择 post 提交方式。

3. name 属性

name 属性用于指定表单的名称。在一个页面中，可能不止一个表单，为了防止这些表单提交到服务器后出现混乱，就通过定义 name 属性来区分它们。

4. enctype 属性

enctype 属性用于设置表单数据在提交到服务器前的编码方式，只有设置 method =

"post" 时才使用 enctype 属性，其属性值如表 7-2 所示。

表 7-2　enctype 属性值及说明

属性值	说　明
application/x-www-form-urlencoded	默认值，在发送前对所有字符进行编码 (将空格转换为 "+" 符号，特殊字符转换为 ASCII HEX 值)
multipart/form-data	不对字符编码。当表单有文件上传时，必须使用该值
text/plain	将空格转换为 "+" 符号，但不编码特殊字符

一般情况下，enctype 属性不需要设置，采用默认值就行，除非表单中有文件需要上传。

5. novalidate 属性

novalidate 属性是 HTML5 中的新属性，用于指定在提交表单时取消对表单进行有效的检查。为表单设置该属性时，需关闭整个表单的验证，这样可以使 form 内的所有表单控件不被验证。

【例 7-2】　取消表单验证。

```
<!doctype html>
<html>
<head>
<meta charset="utf-8">
<title> 例 7-2</title>
</head>
<body>
<form action="#" novalidate>
    E-mail: <input type="email" name="user_email">
    <input type="submit"/>
</form>
</body>
</html>
```

本例中，对 <form> 标签应用 novalidate 属性以取消表单验证。在 HTML5 中，novalidate 属性的属性值可以省略，相当于 novalidate="novalidate"。当提交表单时，不会对邮箱地址的规范性进行验证。

7.3　表 单 控 件

表单控件是指允许用户在表单中输入内容或产生交互的各类表单元素，如文本域、密码框、下拉列表、单选按钮等。

7.3.1　input 元素

input 元素是表单中使用频度最高的元素，网页中常见的单行文本框、密码框、单选按钮、复选框等表单控件都是由它定义的，这些不同的控件类型由 input 元素的 type 属性指定，type 属性值及说明如表 7-3 所示。

表 7-3　type 属性值及说明

属性值	说　　明
text	默认值，定义单行文本输入框 (默认宽度为20个字符)
password	密码输入框 (输入框中的字符会被遮蔽)
radio	单选按钮
checkbox	复选框
submit	提交按钮
reset	重置按钮 (重置所有的表单值为默认值)
button	普通按钮 (通常与JavaScript一起使用来启动脚本)
image	图像提交按钮
file	文件域，供文件上传
hidden	隐藏域
email	E-mail 地址输入框
url	URL 地址输入框
tel	电话号码输入框
number	数值输入框
range	一定范围内的数值输入控件 (呈现滑块的形态)
color	拾色器
search	搜索框
date	输入日期的控件 (包括年、月、日,不包括时间)
datetime	输入日期和时间的控件 (包括年、月、日、时、分、秒、几分之一秒,基于UTC时区)
datetime-local	输入日期和时间的控件 (包括年、月、日、时、分、秒、几分之一秒,不带时区)
month	输入月和年的控件 (不带时区)
time	输入时间的控件 (不带时区)
week	输入周数和年的控件 (不带时区)

1. 单行文本输入框 (text)

单行文本输入框常用来输入简短的信息，如用户名、账号、证件号码等。其语法格式如下：

<input type="text" />

单行文本输入框常用属性如表 7-4 所示。

表 7-4 单行文本输入框常用属性

属性	说　　明
value	定义文本框内的默认文本
size	定义文本框的长度，以字符为单位
maxlength	设置文本框中最多可输入的字符数
pattern	定义正则表达式，并判断输入框中的值与正则表达式是否匹配
placeholder	为输入框提供相关提示信息。当输入框为空时显示，当输入框获得焦点时则会消失
required	用于规定输入框必须填写内容，不能为空
readonly	文本框内容为只读，不能编辑修改

说明：单行文本输入框的常用属性对 input 元素中的大部分输入类型都适用。

2. 密码输入框 (password)

密码输入框用来输入密码，其内容一般以圆点的形式显示，以掩饰输入的真实密码。其语法格式如下：

```
<input type="password" />
```

3. 单选按钮 (radio)

单选按钮用于单项选择，在定义单选按钮时，必须为同一组中的单选按钮指定相同的 name 值，这样"单选"才会生效。其语法格式如下：

```
<input type="radio" />
```

【例 7-3】　单选按钮应用。

```
<!doctype html>
<html>
<head>
<meta charset="utf-8">
<title> 例 7-3</title>
</head>
<body>
<form>
    性别： <input type="radio" name="gender" value="boy" checked/> 男
        <input type="radio" name="gender" value="girl"/> 女 <br>
    年龄段： <input type="radio" name="age" value="18 以下 "/>18 岁以下
        <input type="radio" name="age" value="18~35" checked/>18~35 岁
        <input type="radio" name="age" value="36~55"/>36~55 岁
        <input type="radio" name="age" value="55 以上 "/>55 岁以上
</form>
</body>
</html>
```

上述代码在浏览器中的预览效果如图 7-3 所示。

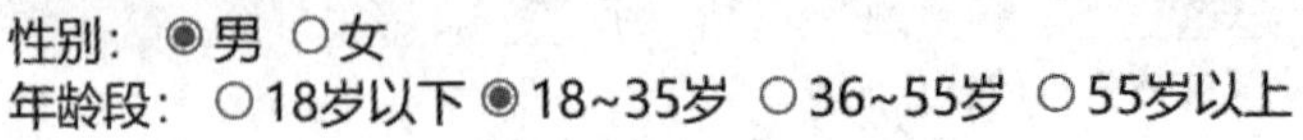

性别：⦿男 ○女
年龄段：○18岁以下 ⦿18~35岁 ○36~55岁 ○55岁以上

图 7-3　单选按钮应用

本例有两组单选按钮，通过相同的 name 属性值将同类单选按钮分在一组，只有同组的单选按钮才可以实现单选，例如性别选项中单选按钮"男"和"女"的 name 值均为"gender"，表示它们为一组，两个单选按钮只能选择其一。另外，为单选按钮添加 checked 属性可以设定其为默认选中项。

4. 复选框 (checkbox)

复选框常用于多项选择，如选择兴趣、爱好等。其语法格式如下：

```
<input type="checkbox" />
```

复选框不像单选按钮那样必须为同类复选框设置相同的 name 属性值，但一般建议设置为相同 name 值，这样便于后台程序收集表单信息。

【例 7-4】　复选框应用。

```
<!doctype html>
<html>
<head>
<meta charset="utf-8">
<title> 例 7-4</title>
</head>
<body>
<form>
    你喜欢的冰雪运动项目：<br>
    <input type="checkbox" name="sports[]" value=" 滑冰 " id="skating" checked>
    <label for="skating">1、滑冰 </label><br>
    <input type="checkbox" name="sports[]" value=" 滑雪 " id="skiing" checked>
    <label for="skiing">2、滑雪 </label><br>
    <input type="checkbox" name="sports[]" value=" 冰壶 " id="Curling">
    <label for="curling">3、冰壶 </label><br>
</form>
</body>
</html>
```

你喜欢的冰雪运动项目：
☑ 1、滑冰
☑ 2、滑雪
☐ 3、冰壶

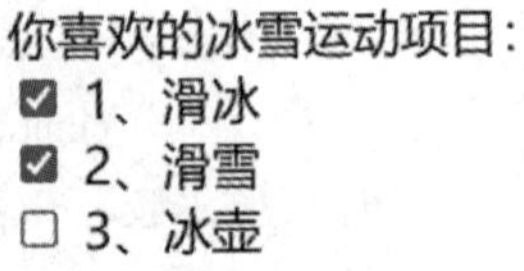

图 7-4　复选框应用

上述代码在浏览器中的预览效果如图 7-4 所示。

本例中，复选框后面的提示信息使用 <label> 标签来定义，并且通过设置 <label> 标签的 for 属性等于复选框的 id 值来实现它们之间的绑定。使用 <label> 标签和使用普通文本的区别在于，当用户点击 <label> 标签时即可实现当前选项的选择，<label> 标签适用于 input 元素的任意控件。checked 属性也同样适用于复选框，本例中的前两项复选框通过

checked 属性设置为默认选中项。

5. 提交按钮 (submit)

提交按钮可以将表单内容提交给服务器处理。其语法格式如下：

```
<input type="submit" />
```

提交按钮上的默认文本为"提交"，可以通过设置 value 属性来改变按钮上的默认文本。在我们学习了后端技术后会进一步理解提交按钮的作用。

6. 重置按钮 (reset)

单击重置按钮可以清除用户在表单中输入的信息，所有表单控件的值都恢复成初始值。其语法格式如下：

```
<input type="reset" />
```

重置按钮上的默认文本为"重置"，同样可以通过设置 value 属性来改变按钮上的默认文本。

7. 普通按钮 (button)

普通按钮只有按钮的形态，通常需配合 JavaScript 脚本来实现具体功能。其语法格式如下：

```
<input type="button" value=" 按钮上的文本 "onclick="JavaScript 脚本程序 "/>
```

value 属性用来设置普通按钮上的文本，onclick 是单击事件，当单击普通按钮后将激发 JavaScript 脚本程序，在这里大家了解即可。

8. 图像提交按钮 (image)

图像提交按钮与提交按钮在功能上基本相同，只是它用图像替代了默认的按钮，使按钮的外观更加多样化。其语法格式如下：

```
<input type="image" src=" 图像地址 "/>
```

注意：需为图像提交按钮定义 src 属性指定图像的地址才能正常显示。

9. 文件域 (file)

文件域用于选择文件并提交给后台服务器。当定义文件域时，页面中将出现"选择文件"按钮和选择结果字段，用户通过点击"选择文件"按钮实现本地文件的选择，被选择文件的文件名显示在选择结果字段中。文件域语法格式如下：

```
<input type="file" />
```

注意，必须在 <form> 标签中定义编码方式 enctype="multipart/form-data"，服务器才能收到正确的文件信息。

【例 7-5】 文件域的应用。

```
<!doctype html>
<html>
<head>
<meta charset="utf-8">
<title> 例 7-5</title>
</head>
```

```
<body>
<form enctype="multipart/form-data" method="post">
        上传文件：<input type="file"/>
            <input type="submit"/>
</form>
</body>
</html>
```

上述代码在浏览器中的预览效果如图 7-5 所示。

上传文件：[选择文件] 未选择任何文件   [提交]

图 7-5 文件域的应用

10. 隐藏域 (hidden)

有时候网站开发人员需要从前端页面获取一些数据发送到后台服务器，但又不想让用户看见，那么就可以通过隐藏域来传送数据，比如确认用户的身份信息等。隐藏域的语法格式如下：

```
<input type="hidden" />
```

在 HTML 的学习中我们几乎用不到隐藏域，所以大家了解即可。

11. E-mail 地址输入框 (email)

email 类型的 input 元素是专门用于输入 E-mail 地址的文本框。其语法格式如下：

```
<input type="email" />
```

它会对输入的内容进行验证，判断是否符合电子邮件地址格式，如果不符合，会有错误提示。

12. URL 地址输入框 (url)

url 类型是用于输入 URL 地址的文本框。其语法格式如下：

```
<input type="url" />
```

如果输入的值不符合 URL 地址格式，会有错误提示。

13. 电话号码输入框 (tel)

tel 类型是用于输入电话号码的文本框。其语法格式如下：

```
<input type="tel" />
```

由于电话号码的格式千差万别，很难实现一个通用的格式。因此，tel 类型通常和 pattern 属性配合使用，通过 pattern 属性定义正则表达式进行验证。例如，对 11 位手机号码进行验证的正则表达式为："^\d{11}$"。

14. 数值输入框 (number)

number 类型是用于输入数值的文本框。在提交表单时，会自动检查该输入框中的内容是否为数字。如果输入的内容不是数字或者数字不在限定范围内，则会出现错误提示。数值输入框语法格式如下：

```
<input type="number" />
```

number 类型的输入框可以对输入的数字进行限制，规定允许的最大值和最小值、合法的数字间隔或默认值等，具体属性如表 7-5 所示。

表 7-5　number 数值输入框的常用属性

属性	说　　明
value	指定输入框的默认值
max	指定输入框可以接受的最大输入值
min	指定输入框可以接受的最小输入值
step	指定输入框合法的数字间隔 (步长)，如果不设置，默认值是 1

【例 7-6】　number 数值输入框的应用。

```
<!doctype html>
<html>
<head>
<meta charset="utf-8">
<title> 例 7-6</title>
</head>
<body>
<form>
    请输入数字：<input type="number" value="2" min="1" max="10" step="2"/>
    <input type="submit"/>
</form>
</body>
</html>
```

上述代码在浏览器中的预览效果如图 7-6 所示。

图 7-6　number 数值输入框的应用

本例中，为 number 数值输入框设定了初始值为 2，最小值为 1，最大值为 10，数字间隔为 2，即合法的数字为 1、3、5、7、9，除此以外的数都是非法的，所以从图 7-6 中可以看出，当输入数字为 2 并提交时，显示错误提示。

15. 数值范围控件 (range)

range 类型用于提供一定范围内数值的输入，在网页中显示为滑动条。它的常用属性与 number 类型一样，通过 min 属性设置最小值 (默认值是 0)，通过 max 属性设置最大值 (默认值是 100)，通过 step 属性指定每次滑动的步长 (默认值是 1)。数值范围控件的语法格式如下：

```
<input type="range" />
```

【例 7-7】 range 控件的应用。

```
<!doctype html>

<html>

<head>

<meta charset="utf-8">

<title> 例 7-7</title>

</head>

<body>

<form oninput="x.value=a.value">

    0<input type="range" id="a" value="50" step="5">100<br>

    你输入的值是： <output name="x" for="a"> </output>

</form>

</body>

</html>
```

上述代码在浏览器中的预览效果如图 7-7 所示。

你输入的值是: 35

图 7-7   range 控件的应用

本例中，为 range 控件设置了初始值为 50，步长为 5，最大值、最小值默认为 100 和 0。通过 output 元素实时显示滑动条选择的数值，output 元素此处大家只需了解即可，无需过多研究。

16. 搜索框 (search)

search 类型是一种专门用于输入搜索关键词的文本框，它能自动记录一些字符。在用户输入内容后，其右侧会附带一个删除图标，单击这个图标可以快速清除输入的内容。

搜索框语法格式如下：

```
<input type="search" />
```

17. 拾色器控件 (color)

color 类型用于实现一个 RGB 颜色的输入，其基本形式是十六进制颜色代码 #RRGGBB，默认值为 #000000(黑色)，通过 value 属性值可以更改默认颜色。单击颜色条，可以快速打开拾色器面板，方便用户可视化选取一种颜色。拾色器控件的语法格式如下：

```
<input type="color" />
```

【例 7-8】 color 控件的应用。

```
<!doctype html>

<html>

<head>

<meta charset="utf-8">
```

```
<title> 例 7-8</title>

</head>

<body>

<form oninput="x.value=c.value">

    选择你喜欢的颜色：<input type="color" id="c" value="#ff0000"><br>

    你选择的颜色是：<output name="x" for="c"></output>

</form>

</body>

</html>
```

上述代码在浏览器中的预览效果如图 7-8 所示。

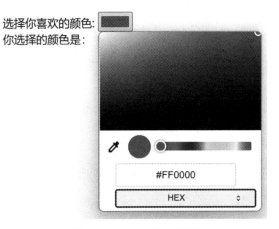

图 7-8 color 控件的应用

本例中，为 color 控件设置了初始颜色为 #FF0000(红色)，点击颜色条即可打开如图 7-8 所示的拾色器面板。可以从面板中选择想要的颜色，也可以在面板下方的输入框中直接输入颜色值。

18. 日期和时间选择控件

HTML5 中提供了多个可供选取日期和时间的输入类型。通过设置不同的 type 属性值可实现多种类型的日期和时间的输入，如表 7-6 所示。

表 7-6 日期和时间类型

属性值	说　　明
date	选取日、月、年
month	选取月、年
week	选取周和年
time	选取时间（小时和分钟）
datetime	选取时间、日、月、年 (UTC 时间)
datetime-local	选取时间、日、月、年 (本地时间)

【例 7-9】 日期时间控件的应用。

```
<!doctype html>
<html>
<head>
<meta charset="utf-8">
<title> 例 7-9</title>
</head>
<body>
  <form>
    <input type="date"> 
    <input type="month"> 
    <input type="week">    
    <input type="time"> 
    <input type="datetime"> 
    <input type="datetime-local">
    <input type="submit">
  </form>
</body>
</html>
```

上述代码在谷歌浏览器中的预览效果如图 7-9 所示。

图 7-9   日期时间控件的应用

用户可以直接向输入框中输入内容，也可以点击输入框右侧的按钮进行选择。例如，点击本例最后一个日期控件，则弹出如图 7-9 所示的日期面板供用户选择。当点击"提交"按钮时，表单会检查用户输入的值是否为规范的日期时间格式，如果不是则提示错误。

对于浏览器不支持的 input 元素输入类型，将会在网页中显示为一个普通的输入框。例如本例中的"datetime"控件类型，谷歌浏览器就不支持。

7.3.2 textarea 元素

textarea 元素用来定义多行文本输入框，也称作文本域。其语法格式如下：

```
<textarea rows=" 行数 " cols=" 列数 "> 多行文本框内容 </textarea>
```

语法中的 rows 和 cols 属性规定了多行文本框的尺寸，不过更好的办法是使用 CSS 的 height 和 width 属性定义高与宽。

【例 7-10】 多行文本框的应用。

```html
<!doctype html>
<html>
<head>
<meta charset="utf-8">
<title> 例 7-10</title>
</head>
<body>
  <form>
    评论：<br>
    <textarea cols="60" rows="8"> 请注意语言文明，营造良好的网络环境。
    </textarea><br>
    <input type="submit"/>
  </form>
</body>
</html>
```

上述代码在浏览器中的预览效果如图 7-10 所示。

图 7-10　多行文本框的应用

7.3.3 select 元素

select 元素用来定义下拉列表。<select> 标签需要和 <option> 标签配合使用。select 元素的语法格式如下：

```
<select>
  <option> 选项 1</option>
```

```
<option> 选项 2</option>
    <option> 选项 3</option>
</select>
```

在上面的语法中，<select></select> 标签用于在表单中添加一个下拉列表，<option> 标签作为 <select> 的子标签，用于定义下拉列表的具体选项。<select> 和 <option> 标签的常用属性如表 7-7 所示。

表 7-7　<select> 和 <option> 标签的常用属性

标签名	属　性	说　明
<select>	size	指定下拉列表中可见的选项数 (取值为正整数)
	multiple	定义 multiple="multiple" 时，下拉列表将具有多项选择的功能，方法为按住 Ctrl 键的同时选择多项
<option>	selected	定义 selected ="selected " 时，当前项即为默认选中项
	value	定义送往服务器的选项值

【例 7-11】下拉列表的应用。

```
<!doctype html>
<html>
<head>
<meta charset="utf-8">
<title> 例 7-11</title>
</head>
<body>
  <form>
    特长 ( 单选 )：<br>
    <select>
        <option> 唱歌 </option>
        <option> 乐器演奏 </option>
        <option> 绘画 </option>
        <option> 跳舞 </option>
        <option selected="selected"> 脱口秀 </option>
    </select><br><br>
    兴趣爱好 ( 多选 )：<br>
    <select multiple size="5">
        <option> 读书 </option>
        <option selected> 音乐 </option>
        <option> 书画 </option>
        <option> 围棋 </option>
        <option selected> 旅游 </option>
        <option> 体育运动 </option>
```

```
        </select><br><br>
        <input type="submit"/>
    </form>
</body>
</html>
```

上述代码在浏览器中的预览效果如图 7-11 所示。

图 7-11　下拉列表的应用

本例中，第一个下拉列表为单选，并通过 selected="selected" 设置了默认选项。第二个下拉列表通过 multiple 属性设置为多选，通过 size 属性设置了可见的选项个数为 5，设置了两个默认选项"音乐"和"旅游"。第二个下拉列表的 multiple 和 selected 属性使用的是最小化表示方式，省略了属性值。

7.4　案例：制作会员信息登记表单

【案例描述】

综合应用多个表单控件制作一个会员信息登记表单。案例源文件参考"模块 7 案例"。

【考核知识点】

表单的创建、表单控件的应用。

【练习目标】

(1) 掌握表单的创建。

(2) 掌握表单控件及其相关属性。

(3) 能够熟练地运用表单组织页面元素。

【案例源代码】

```
<!doctype html>
<html>
```

```
<head>
<meta charset="utf-8">
<title> 模块 7 案例 </title>
<link rel="stylesheet" href="style7.css" type="text/css">
</head>
<body>
<div id="box">
  <form action="#" method="get" autocomplete="off">
    <h2> 会员信息登记 </h2>
    <p>
        <span> 用户名： </span>
        <input type="text" name="user_name" value="good_study" disabled readonly />
    </p>
    <p>
        <span> 昵称： </span>
        <input type="text" name="nickname" value=" 一蓑烟雨 " required autofocus/>
        <strong>*</strong>
    </p>
    <p>
        <span> 性别： </span>
        <input type="radio" name="gender" value=" 男 " checked/> 男
        <input type="radio" name="gender" value=" 女 "/> 女
    </p>
    <p>
        <span> 出生日期： </span>
        <input type="date" name="birthday" value="2000-1-1"/>
    </p>
    <p>
        <span> 电子邮箱： </span>
        <input type="email" name="myemail" placeholder=" 例如：myemail@163.com"/>
    </p>
    <p>
        <span> 手机号码： </span>
        <input type="tel" name="telphone"pattern="^\d{11}$" required/>
        <strong>*</strong>
    </p>
    <p>
        <span> 个人主页： </span>
        <input type="url" name="myurl" placeholder=" 例如：http://www.mysite.cn"/>
```

```
        </p>
        <p>
            <span>简介: </span>
            <textarea>说点什么 </textarea>
        </p>
        <p class="btn">
            <input type="submit" value=" 提交修改 "/>
            <input type="reset" value=" 恢复默认 "/>
        </p>
    </form>
</div>
</body>
</html>
```

【运行结果】

源代码在浏览器中的运行结果如图 7-12 所示。

图 7-12　案例运行结果

【案例分析】

案例中应用了单行文本框、单选按钮、多行文本框等多个表单控件。其中，用户名文本框中设置的 disabled 和 readonly 这两个属性，作用都是使用户不能更改表单域中的内容，它们的主要区别是在提交表单时，设置了 disabled 的表单元素的值不会被传递出去，而设置了 readonly 的值会被传递出去。昵称文本框设置的 autofocus 属性，表示每次加载页面时，该控件都会自动获得焦点；required 属性表示输入框中必须填写内容，不能为空。手机号码输入框设置的 pattern 属性，定义了验证输入内容的正则表达式为 "^\d{11}$"，规定该输入框中必须输入 11 位数字。

　　该案例效果图是应用了 CSS 样式后的结果，CSS 样式将在后面章节介绍，此处大家只需要参照案例源代码将外部 CSS 样式文件 "style7.css" 引入到 HTML 页面中的 <head> 标签内即可，引入代码为 <link rel="stylesheet" href="style7.css" type="text/css">。

思考与练习题

一、选择题

1. 在 HTML 中，通过 (　　) 标签创建表单。

A. <body>　　　　　　　　　　B. <div>

C. <form>　　　　　　　　　　D. <table>

2. 表单的常用属性不包括 (　　)。

A. method　　　　　　　　　　B. action

C. name　　　　　　　　　　　D. border

3. 下列不是定义表单控件的标签是 (　　)。

A. <input>　　　　　　　　　　B. <textarea>

C. <select>　　　　　　　　　　D. <table>

二、填空题

1. method 属性用于设置表单数据的提交方式，其取值为 ＿＿＿＿＿＿＿＿＿。

2. 提交按钮的 type 属性值为 ＿＿＿＿＿＿。

3. ＿＿＿＿＿＿ 元素用来定义下拉列表。

三、判断题

1. 定义单选按钮时，必须为同一组中的单选按钮指定相同的 name 值，这样 "单选" 才会生效。　　　　　　　　　　　　　　　　　　　　　　　　(　　)

2. textarea 元素用来定义单行文本输入框。　　　　　　　　　　(　　)

3. 为复选框添加 checked 属性可以设定其为默认选中项。　　　　(　　)

四、操作题

1. 创建表单，对比 post 提交方式和 get 提交方式的区别。

2. 应用所学的表单控件实现会员注册表单。

模 块 8

框 架

8.1 框 架 简 介

框架可以实现在同一个浏览器窗口中显示不止一个页面。通过框架结构标签 <frameset> 定义如何划分浏览器窗口，划分出的子窗口为一个框架，由 <frame> 标签定义，每个框架中可以显示一个独立的页面。

示例如下：

```
<frameset cols="30%,70%">
    <frame src="page1.html">
    <frame src="page2.html">
</frameset>
```

在这个示例中，设置了一个框架集，将浏览器窗口划分成两列，第一列占据浏览器窗口 30% 宽度，第二列占据浏览器窗口 70% 宽度。页面 page1.html 置于第一个框架中，页面 page2.html 置于第二个框架中。

由于 HTML5 已经舍弃了 <frameset> 标签，所以本书不再详细介绍，大家了解即可。下面介绍另一种更加灵活的浮动框架。

8.2 浮 动 框 架

在 HTML 中，通过 <iframe> 标签来定义浮动框架。浮动框架同样可以帮助我们在同一个浏览器窗口中显示多个网页，而且设计者可以定义浮动框架的宽与高，并且可以将其放置在页面的任何位置。

浮动框架的语法格式如下：

```
<iframe src=" 页面文件地址 " width=" 宽 " height=" 高 " name=" 浮动框架名称 "></iframe>
```

其中，src 用来定义浮动框架内显示的页面的地址。width 和 height 分别用来定义浮动框架的宽与高。name 用来定义浮动框架的名称，可将超链接的 target 目标指向它，实现链接页面在浮动框架中显示。

【例 8-1】 浮动框架的应用。

```
<!doctype html>
```

```
<html>
<head>
<meta charset="utf-8">
<title> 例 8-1</title>
</head>
<body>
    <h3> 中国教育考试网 </h3>
    <iframe src="http://www.neea.edu.cn/" width="600px" height="200px"></iframe>
    <h3> 中国大学 MOOC</h3>
    <iframe src="https://www.icourse163.org/" width="600px" height="200px"></iframe>
</body>
</html>
```

上述代码在浏览器中的预览效果如图 8-1 所示。

图 8-1　浮动框架的应用

本例中定义了两个浮动框架，每个浮动框架就像一个小浏览器窗口，各自显示了一个网页，它们相互独立，互不干扰。

8.3　案例：浮动框架实现选项卡式链接

【案例描述】

综合应用超链接和浮动框架实现选项卡式链接。案例源文件参考"模块 8 案例"。

【考核知识点】

超链接的应用、浮动框架的应用。

【练习目标】

(1) 掌握浮动框架的应用。

(2) 掌握超链接目标的设置。

【案例源代码】

```
<!doctype html>
<html>
<head>
<meta charset="utf-8">
<title> 模块 8 案例 </title>
<link href="style8.css" rel="stylesheet" type="text/css">
</head>
<body>
    <h1> 推荐在线教程 </h1>
    <div>
        <a href="page1.html" target="ifr"> 首页 </a>
        <a href="https://www.w3school.com.cn/index.html" target="ifr">w3school 在线教程 </a>
        <a href="https://www.runoob.com/" target="ifr"> 菜鸟教程 </a>
        <a href="https://www.icourse163.org/" target="ifr"> 中国大学 MOOC( 慕课 )</a>
    </div>
    <iframe src="page1.html" width="90%" height="400px" name="ifr"></iframe>
    <footer>
        <p>It's Never too Late to learn.<br>The world is so big,do you want to have a look?<br></p>
    </footer>
</body>
</html>
```

【运行结果】

源代码在浏览器中的运行结果如图 8-2 所示。

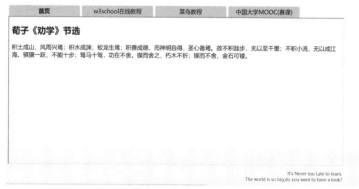

图 8-2 案例运行结果

【案例分析】

案例页面包括标题、超链接、浮动框架及页脚等。浮动框架的初始页面为page1.html，名称为 ifr。当点击各教程网站链接时，相应的网站页面会显示在浮动框架内，这是通过超链接的 target 属性设置的，将 target 属性值设置为浮动框架的名称 ifr 即可。案例效果图是应用了 CSS 样式后的结果，需要将外部 CSS 样式文件 "style8.css" 引入到 HTML 页面中的 <head> 标签内。

思考与练习题

一、选择题

1. 在 HTML 中，通过 (   ) 标签定义浮动框架。

A. <frameset>   B. <frame>

C. <iframe>   D. <form>

2. (   ) 属性用于定义浮动框架的名称，可将超链接的 target 目标指向它，实现链接页面的浮动框架中显示。

A. src   B. width

C. height   D. name

二、填空题

1. HTML 中定义浮动框架的标签是 _____。

2. 有 HTML 代码如下：

        <a href="page2.html"_____> 打开页面二 </a>

        <iframe src="page1.html" width="500px" height="300px" name="ifr"></iframe>

在横线处将代码补充完整，使点击超链接时，"page2.html"页面显示在浮动框架中。

模块 9

初识 CSS

9.1　CSS 简介

9.1.1　CSS 概念

CSS 的全称是"Cascading Style Sheets"，即层叠样式表，它通过定义 HTML 元素的显示方式来控制网页的外观。

Web 前端的三个核心技术分别是 HTML、CSS 和 JavaScript，HTML 定义了网页的结构，CSS 控制网页的外观样式，JavaScript 控制网页的行为。

9.1.2　CSS 的发展

CSS 最早是在 1994 年被提出的。

1996 年，W3C 正式推出了 CSS1.0。

1998 年，W3C 正式推出了 CSS2.0，以及之后的修订版 CSS2.1，是目前正在使用的版本。

2001 年，W3C 完成了 CSS3 工作草案，到目前为止该标准还没有最终定稿，但是，现在新的浏览器已经都支持 CSS3 属性。CSS3 新增的特性可以说是最令人瞩目的，包括新的属性选择器、伪类选择器；圆角、阴影、渐变等特殊样式；过渡、变形、动画等动态效果；新的布局方式，如多列布局、弹性盒布局和网格布局等。

9.2　CSS基本语法

9.2.1　CSS 语法规则

任何语言都有自己的规范，CSS 也不例外。CSS 的语法格式如下：

```
选择器 {
        样式属性 1: 属性值 1;
        样式属性 2: 属性值 2;
        ……
```

```
}
```

为了便于大家理解，下面先看一个示例。

【例 9-1】 CSS 样式示例。

```
<!doctype html>

<html>

<head>

<meta charset="utf-8">

<title> 例 9-1</title>

<style type="text/css">

h1{

        color: red;

        text-align: center;

}

</style>

</head>

<body>

    <h1> 这是标题 </h1>

    <p> 这是段落 </p>

</body>

</html>
```

上述代码在浏览器中的预览效果如图 9-1 所示。

这是标题

这是段落

图 9-1　CSS 应用示例

在这个示例中，我们看到 CSS 的样式代码："h1{color: red; text-align: center; }"，其中，"h1"是选择器，表示选择 h1 元素来进行样式设置，"color"和"text-align"是两个样式属性，分别表示文本颜色和文本水平对齐方式，它们的取值分别是"red"(红色) 和"center"(居中)。

大家可以测试一下，如果将选择器"h1"更换为"p"，会有什么不一样的结果？

9.2.2　CSS 注释

和其他语言一样，CSS 也有注释。合理的注释有助于我们理解代码，对后期的修改、编辑很有帮助。

CSS 注释的语法如下：

/* 注释的内容 */

说明："/*"表示注释的开始，"*/"表示注释的结束。CSS 的注释和 HTML 的注释方式是不同的，大家可以查看前面章节来复习 HTML 是如何注释的。

【例 9-2】　CSS 注释的应用。

```
<!doctype html>
<html>
<head>
<meta charset="utf-8">
<title> 例 9-2</title>
<style type="text/css">
/* 定义所有段落 p 元素的样式 */
p{
    color: #0000ff;   /* 文本颜色为蓝色 */
    font-size: 16px;   /* 字体大小为 16px*/
}
</style>
</head>
<body>
    <h1> 这是一级标题 </h1>
    <p> 这是段落 1</p>
    <h2> 这是二级标题 </h2>
    <p> 这是段落 2</p>
</body>
</html>
```

大家自行在浏览器中预览效果。可以看出，浏览器会忽略注释，不会将注释里的内容输出到浏览器窗口中。

9.3　CSS的引入方式

在 HTML 中使用 CSS 共有三种方式：行内样式、内部样式、外部样式。

9.3.1　行内样式

行内样式（也称内联样式），是通过 HTML 标签的 style 属性来设置元素的样式的，可用于为单个元素应用专属的样式。

【例 9-3】　行内样式的应用。

```
<!doctype html>
<html>
<head>
<meta charset="utf-8">
```

```
<title> 例 9-3</title>
<style type="text/css">
p{
        color: #0000ff;   /* 文本颜色为蓝色 */
}
</style>
</head>
<body>
        <h1> 这是标题 </h1>
        <p> 这是段落 1</p>
        <p style "color: #f0f"> 这是段落 2，颜色和别的段落不一样。</p>
        <p> 这是段落 3</p>
</body>
</html>
```

在浏览器中预览上例，可以发现段落 1 和段落 3 的文本颜色是蓝色，段落 2 的颜色为洋红色，这是因为段落 2 的 <p> 标签内部添加了 style 属性，重新定义了文本颜色，这种定义样式的方式就称为行内样式。

需要说明的是，由于行内样式是定义在标签内部的，不能做到 HTML 代码和 CSS 样式的分离，所以不推荐作为常规样式使用。只有在个别标签需要应用独特样式时，使用行内样式才是比较合适的选择。

9.3.2 内部样式

内部样式是指将 CSS 代码集中写在 HTML 文档的 <head> 头部标签内部，并且用 <style> 标签定义。

【例 9-4】 内部样式的应用。

```
<!doctype html>
<html>
<head>
<meta charset="utf-8">
<title> 例 9-4</title>
<style type="text/css">
p{
        color: #0000ff;   /* 文本颜色为蓝色 */
}
h1{
        background-color: green;   /*h1 标题的背景颜色为绿色 */
}
</style>
</head>
```

```
<body>
        <h1> 这是标题 </h1>
        <p> 这是段落 1</p>
        <p> 这是段落 2</p>
</body>
</html>
```

注意：内部样式一定要定义在 <style></style> 标签内部，不可定义在除此以外的任何地方。

内部样式不像行内样式 CSS 代码那样和 HTML 代码交织在一起，而是集中在一处，所以它在一定程度上做到了结构和样式的分离，但它仍然不是引用 CSS 样式的最优选择，一般只有当 HTML 页面拥有唯一的样式时，即其他页面不会使用相同样式时，才推荐使用内部样式。

9.3.3　外部样式

外部样式就是把 CSS 代码放在一个以 .css 为扩展名的文件中，然后在 HTML 文档中使用 <link> 链接标签来引入外部样式表文件。

【例 9-5】　外部样式的应用。

(1) 外部样式文件"9-5.css"，代码如下：

```
div{
        border: 5px solid #809d7f;
        margin: 10px;
}
```

(2) HTML 文件"9-5.html"，代码如下：

```
<!doctype html>
<html>
<head>
<meta charset="utf-8">
<title> 例 9-5</title>
<link href="9-5.css" rel="stylesheet" type="text/css" />
</head>
<body>
        <div> 盒子 1</div>
        <div> 盒子 2</div>
</body>
</html>
```

注意：外部 .css 文件中不可包含任何 HTML 标签。在 HTML 中引入外部 CSS 文件使用的 <link> 链接标签需要放在 <head> 头部标签内部，并且必须指定 <link > 标签的三个属性，具体如下：

(1) href：指定引入的外部样式表文件的 URL，可以是相对路径，也可以是绝对路径。

(2) rel：定义当前 HTML 文档与被引入文件之间的关系，在这里需要指定为"stylesheet"，表示被引入的文件是一个样式表文件。

(3) type：定义所引入文档的类型，在这里需要指定为"text/css"，表示引入的外部文件为 CSS 样式表。

当 CSS 样式需要应用于很多页面时，外部样式表将是理想的选择。站点中的每个页面使用 <link> 标签链接到同一个样式表，这样既节省了代码，而且当需要改变整个站点的外观时，只需要改变一个 CSS 文件即可。所以，在实际开发中，为了提升网站的性能和可维护性，推荐使用外部样式表。

9.4　案例：外部样式表的引用

【案例描述】

有一个网页，使用的是内部样式，现要将内部样式更改为外部样式，如何操作？案例源文件参考"模块 9 案例"。

【考核知识点】

CSS 基本语法、CSS 的三种引入方式。

【练习目标】

(1) 熟悉 CSS 基本语法。

(2) 掌握内部 CSS 样式的定义方法。

(3) 掌握外部 CSS 样式的定义方法。

【案例源代码】

(1) 使用内部样式的 HTML 文件源代码如下：

```
<!doctype html>
<html>
<head>
<meta charset="utf-8">
<title> 模块 9 案例 </title>
<style type="text/css">
        body{background-color: lightblue;}
        h1{text-align: center;}
        p{text-indent: 2em;}
        div{text-align: right;          }
</style>
</head>
<body>
        <h1>CSS3</h1>
        <p>CSS3 是 CSS( 层叠样式表 ) 技术的升级版本，于 1999 年开始制订，2001 年 5 月 23
```

日 W3C 完成了 CSS3 的工作草案，主要包括盒子模型、列表模块、超链接方式、语言模块、背景和边框、文字特效、多栏布局等模块。

       `<div><cite>——来自百度百科 </cite></div>`

    `</body>`

    `</html>`

(2) 将内部样式更改为外部样式，关键代码如下：

```
<!doctype html>

<html>

<head>

<meta charset="utf-8">

<title> 模块 9 案例 </title>

<link href="style9.css" rel="stylesheet" type="text/css"/>

</head>

<body>

……
```

(3) 外部样式表文件"style9.css"代码如下：

```
body{background-color: lightblue;}

h1{text-align: center;        }

p{text-indent: 2em; }

div{text-align: right;        }
```

【运行结果】

上述代码在浏览器中的运行结果如图 9-2 所示。

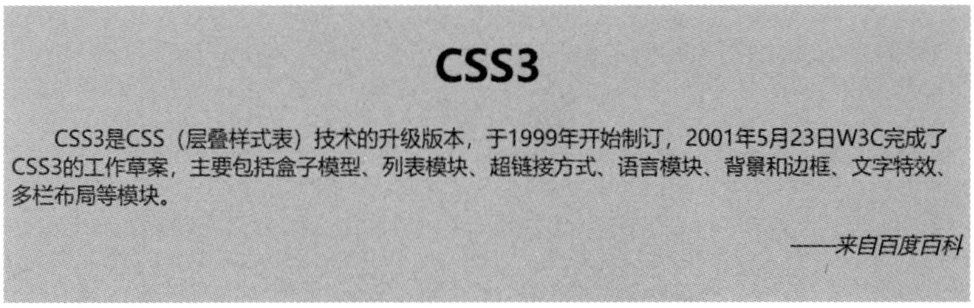

CSS3

    CSS3是CSS（层叠样式表）技术的升级版本，于1999年开始制订，2001年5月23日W3C完成了CSS3的工作草案，主要包括盒子模型、列表模块、超链接方式、语言模块、背景和边框、文字特效、多栏布局等模块。

——来自百度百科

图 9-2　案例运行结果

【案例分析】

内部样式是将 CSS 代码定义在 HTML 文档的头部标签 <head> 内部，使用 <style> 标签标识。若要改为外部样式，需要将 <style> 标签内的 CSS 代码保存在独立的 .css 文件中，并且在 HTML 文件中改用 <link> 标签链接该 CSS 文件。

思考与练习题

一、选择题

1. 代码" "使用的 CSS 样式引用方式是（　　）。

A. 行内样式　　　　　　　　　　B. 内部样式

C. 链接外部样式文件　　　　　　D. 以上都不是

2. 内部样式需要将 CSS 代码放在 (　　) 标签对内。

A. <meta></meta>　　　　　　B. <style></style>

C. <title></title>　　　　　　D. <body></body>

3. 链接外部样式需要使用的标签是 (　　)。

A. <meta>　　　　　　　　　　B. <style>

C. <title>　　　　　　　　　　D. <link>

二、填空题

1. CSS 的中文全称是 _____。

2. Web 前端的三个核心技术分别是 _____、_____ 和 _____。

3. 在 HTML 中引入 CSS 共有三种方式，分别是 _____、_____ 和 _____。

三、判断题

1. 目前 CSS 的最新版本是 CSS5。 (　　)

2. CSS 使用 "/*" 表示注释的开始，"*/" 表示注释的结束。 (　　)

3. <link> 标签除了可以链接 CSS 文件，也可以链接其他类型的文件。 (　　)

四、简答题

1. 简述什么是 CSS？它与 HTML 的关系是什么？

2. 在 HTML 中引入 CSS 的方式有哪些？

模 块 10

CSS 选 择 器

10.1 CSS选择器概念

CSS 通过选择器来指定需要设置样式的对象，例如下面这段代码：

```
<!doctype html>
<html>
<head>
<meta charset="utf-8">
<title>CSS 选择器 </title>
<style type="text/css">
        div{
            color: red;
        }
</style>
</head>
<body>
        <div> 盒子 1</div>
        <p> 段落 1</p>
</body>
</html>
```

上述样式代码 "div{ color: red; }" 中，"div" 即为选择器，表示选择了页面中的 div 元素，<div> 标签内的文本会显示为红色，这是由样式规则中的 "color: red;" 设定的。如果我们将样式代码中的选择器 "div" 更换为 "p"，那么显示红色文字的就变成 <p> 标签内的文本了。大家可以在浏览器中运行本例并尝试修改代码观察结果的变化。

CSS 选择器的类型有很多，包括标签选择器、id 选择器、类选择器、属性选择器等。下面将详细给大家介绍不同类型选择器的用法。

10.2 标 签 选 择 器

标签选择器也称作 "元素选择器"，是指用 HTML 标签名称作为选择器，从而为页面中由某一种标签定义的元素指定统一的 CSS 样式。

标签选择器的语法格式如下：

```
HTML 标签名称 {
        样式属性 1: 属性值 1;
        样式属性 2: 属性值 2;
        …
}
```

【例 10-1】 标签选择器的应用。

```
<!doctype html>
<html>
<head>
<meta charset="utf-8">
<title>例 10-1</title>
<style type="text/css">
/* 为每个单元格设置相同样式 */
td{
        height: 50px;
        width: 200px;
        border: 1px solid #000;
}
</style>
</head>
<body>
  <table>
      <tr>
            <td>1-1</td>
            <td>1-2</td>
      </tr>
      <tr>
            <td>2-1</td>
            <td>2-2</td>
      </tr>
  </table>
</body>
</html>
```

上述代码在浏览器中的预览效果如图 10-1 所示。

1-1	1-2
2-1	2-2

图 10-1　标签选择器的应用

本例中，CSS 选择器为"td"，表示选择了页面中所有由 <td> 标签定义的元素，所以在预览结果中，我们看到每个单元格都具有相同样式：高 50 像素、宽 200 像素、粗细 1 像素的实线黑色边框。

说明：有一种特殊的选择器类型，称为通配符选择器，它使用"*"表示，其作用是选择所有元素。例如下面的代码，使用通配符选择器清除所有 HTML 标签的默认边距。

```
*{
    margin: 0;
    padding: 0;
}
```

10.3 id 选择器

通过前面章节知识的学习，我们知道可以为标签添加属性，如果为某个标签添加了 id 属性，那么在设置 CSS 样式时，就可以通过该标签的 id 属性来选择这个标签进行样式的设置。在同一个页面中，id 名是唯一的，即不允许出现两个相同的 id 名，所以 id 选择器只能选择页面中的某一个元素。

id 选择器的语法格式如下：

```
#id 名 {
    样式属性 1: 属性值 1;
    样式属性 2: 属性值 2;
    …
}
```

说明：id 名即 id 属性的值，在 id 名前面必须加上前缀符号"#"，否则该选择器无效。

【例 10-2】 id 选择器的应用。

```
<!doctype html>
<html>
<head>
<meta charset="utf-8">
<title> 例 10-2</title>
<style type="text/css">
/* 为每个 p 元素设置相同字体大小 */
p{
    font-size: 14px;
}
/* 单独为 id 号为 p2 的元素设置红色字体 */
#p2{
    color: red;
}
</style>
```

```
</head>
<body>
    <p> 段落 1</p>
    <p id="p2"> 段落 2</p>
    <p> 段落 3</p>
</body>
</html>
```

本例中，先用标签选择器"p"选择了所有的段落 p 元素，为它们设置了统一的字体大小样式，再使用 id 选择器"#p2"选择了 id 属性值为"p2"的元素，即为第二个段落 p 元素设置了红色字体。

10.4 class 选 择 器

class 选择器，即"类选择器"。当要对页面中多个相同或不相同的元素使用同一样式时，可以为这些元素标签设置相同的 class 属性，然后 CSS 选择器定义为该 class 名即可。class 选择器的用法与 id 选择器相似，区别在于 id 选择器只可选择一个元素，而 class 选择器可以选择多个元素。

class 选择器的语法格式如下：

```
.class 名 {
        样式属性 1: 属性值 1;
        样式属性 2: 属性值 2;
        …
    }
```

说明：class 名即 class 属性的值，在 class 名前面必须加上前缀符号"."（英文点号），否则该选择器无效。

【例 10-3】 class 选择器的应用。

```
<!doctype html>
<html>
<head>
<meta charset="utf-8">
<title> 例 10-3</title>
<style type="text/css">
        .red{ color: red; }
</style>
</head>
<body>
        <h1 class="red"> 标题 1</h1>
        <div> 盒子 1</div>
        <div class="red"> 盒子 2</div>
```

```
<p class="red"> 段落 1</p>
<p class="red"> 段落 2</p>
</body>
</html>
```

上述代码在浏览器中的预览效果如图 10-2 所示。

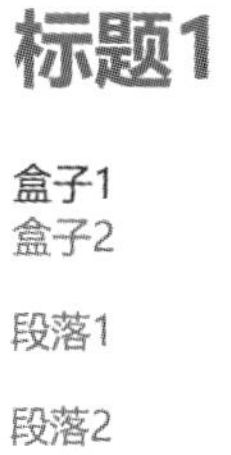

标题1

盒子1
盒子2

段落1

段落2

<center>图 10-2　class 选择器的应用</center>

本例中，CSS 样式代码 ".red ｛ color: red; ｝" 表示选中 class 属性值为 "red" 的所有元素，然后为这些元素设置了 CSS 属性 "color: red;"。

<body> 标签内部包含 h1、div 和 p 这些不同的元素，但可以为这些元素定义相同的class 属性，这样就可以同时为这些元素设置相同的 CSS 样式了。从图 10-2 中可以看出，只有 "盒子 1" 所在的 <div> 标签没有定义 class 属性，所以它没有显示为红色。

10.5　属性选择器

属性选择器即选择器为 HTML 标签属性，它可以为带有特定属性的 HTML 元素设置样式。

属性选择器的语法格式如下：

```
[ 属性名 = 属性值 ]{
        样式属性 1: 属性值 1;
        样式属性 2: 属性值 2;
        …
    }
```

说明：属性选择器必须要加一对中括号 "[]"，其中 "属性值" 可以不指定。

【例 10-4】 属性选择器的应用。

```
<!doctype html>
<html>
<head>
<meta charset="utf-8">
<title> 例 10-4</title>
<style type="text/css">
    [target] {
```

```
            background-color: lightblue;
        }
        [target=_blank] {
            color: red;
        }
    </style>
    </head>
    <body>
        <a href="#"> 首页 </a>
        <a href="##" target="_blank"> 学院简介 </a>
        <a href="#" target="_top"> 校园环境 </a>
    </body>
    </html>
```

上述代码在浏览器中的预览效果如图 10-3 所示。

首页 学院简介 校园环境

图 10-3　属性选择器的应用

本例中，选择器"[target]"表示选择使用了 target 属性的所有元素，并为这些元素设置了浅蓝色的背景。选择器"[target=_blank]"表示选择了 target 属性值为"_blank"的元素，并设置文本颜色为红色。从图 10-3 中我们可以看出，"学院简介"和"校园环境"这两个超链接元素被选择器选中并分别设置了样式。

属性选择器还可以结合一些符号来表示有条件的选择。CSS 属性选择器语法格式及举例见表 10-1。

表 10-1　CSS 属性选择器

选择器	举例	例子描述
[attribute]	[target]	选择设置了 target 属性的所有元素
[attribute=value]	[target=_blank]	选择 target 属性等于"_blank"的所有元素
[attribute~=value]	[title~=cat]	选择 title 属性值包含"cat"一词的所有元素
[attribute|=value]	[lang|=en]	选择 lang 属性等于"en"，或者以"en-"开头的所有元素
[attribute^=value]	a[href^="https"]	选择 href 属性值以"https"开头的所有 a 元素
[attribute$=value]	a[href$=".jpg"]	选择 href 属性值以".jpg"结尾的所有 a 元素
[attribute*=value]	a[href*="edu"]	选择 href 属性值包含子串"edu"的所有 a 元素

10.6　组合选择器

在 CSS 选择器规则中，可以由两个以上基本选择器结合在一起使用，下面将详细介绍具体的组合方式。

10.6.1　后代选择器

后代选择器用于选取某元素的后代元素。其语法格式如下：

```
祖先元素 后代元素 {
        样式属性 1: 属性值 1;
        样式属性 2: 属性值 2;
        …
    }
```

说明："祖先元素"和"后代元素"之间用空格分隔，祖先元素与后代元素之间是包含与被包含关系。

【例 10-5】　后代选择器的应用。

```
<!doctype html>
<html>
<head>
<meta charset="utf-8">
<title> 例 10-5</title>
<style type="text/css">
    div p{ background-color:yellow; }
</style>
</head>
<body>
  <div class="top">
      <p> 段落 1 在 div 中，是 div 的直接子元素。</p>
      <section>
          <p> 段落 2 在 div 中，是 div 的后代元素。</p>
      </section>
  </div>
      <p> 段落 3，不在 div 中。</p>
</body>
</html>
```

上述代码在浏览器中的预览效果如图 10-4 所示。

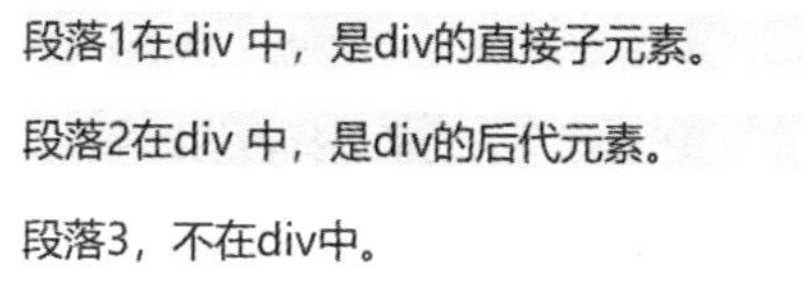

段落1在div 中，是div的直接子元素。

段落2在div 中，是div的后代元素。

段落3，不在div中。

图 10-4　后代选择器的应用

本例中，选择器"div p"表示选择了 div 元素内的所有 p 元素。在 <div> 标签内定义有 class 属性，所以"div p"选择器也可以写成".top p"，大家可以自行更改代码验证结果。

10.6.2　子元素选择器

与后代选择器相比，子元素选择器只能选择作为某元素直接（一级）子元素的元素。其语法格式如下：

```
父元素 > 子元素 {
        样式属性 1: 属性值 1;
        样式属性 2: 属性值 2;
        …
    }
```

说明："父元素"和"子元素"之间用">"符号相连。

【例 10-6】　子元素选择器的应用。

```
<!doctype html>
<html>
<head>
<meta charset="utf-8">
<title> 例 10-6</title>
<style type="text/css">
    div> p{ background-color:yellow; }
</style>
</head>
<body>
  <div class="top">
      <p> 段落 1 在 div 中，是 div 的直接子元素。</p>
      <section>
          <p> 段落 2 在 div 中，不是 div 的直接子元素，是 div 的后代元素。</p>
      </section>
  </div>
</body>
</html>
```

上述代码在浏览器中的预览效果如图 10-5 所示。

段落1在div 中，是div的直接子元素。

段落2在div 中，不是div的直接子元素，是div的后代元素。

图 10-5　子元素选择器的应用

本例在上例的基础上稍作修改，将选择器改为"div> p"，从图 10-5 中可以看出，段落 2 没有被选中，因为它不是 div 的直接子元素。

10.6.3　相邻兄弟选择器

相邻兄弟选择器可选择紧接在另一元素后的元素，且两者有相同的父元素。"相邻"的意思是"紧随其后"。

相邻兄弟选择器的语法格式如下：

```
兄元素 + 弟元素 {
        样式属性 1: 属性值 1;
        样式属性 2: 属性值 2;
        …

}
```

说明："兄元素"和"弟元素"之间用"+"符号相连。

【例 10-7】　相邻兄弟选择器的应用。

```
<!doctype html>
<html>
<head>
<meta charset="utf-8">
<title> 例 10-7</title>
<style type="text/css">
    h1 + p{ background-color:yellow;        }
</style>
</head>
<body>
    <h1> 标题 1</h1>
    <p> 段落 1，是紧邻 h1 的兄弟元素，被选中。</p>
    <p> 段落 2，是 h1 的兄弟元素，但是不紧邻 h1。</p>
</body>
</html>
```

本例中，选择器"h1 + p"表示选择紧随 h1 元素之后的兄弟 p 元素，所以段落 1 被选中，段落 2 未被选中。

10.6.4　后续兄弟选择器

后续兄弟选择器可选取指定元素之后的所有普通兄弟元素。其语法格式如下：

```
兄元素 ~ 弟元素 {
        样式属性 1: 属性值 1;
        样式属性 2: 属性值 2;
        …

}
```

说明："兄元素"和"弟元素"之间用"~"符号相连。

【例 10-8】　后续兄弟选择器的应用。

```
<!doctype html>
<html>
<head>
<meta charset="utf-8">
```

```
<title> 例 10-8</title>
<style type="text/css">
    h1 ~ p{ background-color:yellow;            }
</style>
</head>
<body>
    <p> 段落 1，h1 之前的兄弟元素，不会被选中。</p>
    <h1> 标题 1</h1>
    <p> 段落 2，h1 之后的兄弟元素，被选中。</p>
    <p> 段落 3，h1 之后的兄弟元素，被选中。</p>
</body>
</html>
```

本例中，选择器"h1 ~ p"表示选择 h1 元素之后的兄弟 p 元素，所以段落 2、段落 3 被选中，段落 1 未被选中。

10.6.5　交集选择器

交集选择器由标签选择器和 class 选择器或 id 选择器组合在一起使用，取两种选择器所选范围的交集。

交集选择器的语法格式如下：

```
HTML 标签 class 选择器 {
        样式属性 1: 属性值 1;
        样式属性 2: 属性值 2;
        …

}
```

说明："HTML 标签"和"class 选择器"之间没有空格，且"class 选择器"从属于"HTML 标签"。其中"class 选择器"可以替换成"id 选择器"。

【例 10-9】　交集选择器的应用。

```
<!doctype html>
<html>
<head>
<meta charset="utf-8">
<title> 例 10-9</title>
<style type="text/css">
    .red{ color: red;  }
    p.red{ background-color:yellow; }
</style>
</head>
<body>
    <h1 class="red"> 标题 1</h1>
```

　　　　<p class="red"> 段落 1，被 "p.red" 选中。</p>

　　　　<p> 段落 2</p>

　　</body>

　　</html>

上述代码在浏览器中的预览效果如图 10-6 所示。

标题1

段落1，被"p.red"选中。

段落2

图 10-6　交集选择器的应用

　　本例中，class 选择器 ".red" 选择了标题 1 和段落 1，字体被设置为红色。交集选择器 "p.red" 表示选择 class 属性为 "red" 的 p 元素，所以它选择了段落 1，段落 1 背景被设置为黄色。

10.6.6　分组选择器

　　当页面中有多个元素都设置了相同的样式，我们可以通过分组将这些元素的选择器写到一起，这样就可以得到更简洁的样式表。

　　分组选择器的语法格式如下：

　　　　选择器 1, 选择器 2,…, 选择器 n{

　　　　　　样式属性 1: 属性值 1;

　　　　　　样式属性 2: 属性值 2;

　　　　　　…

　　　　}

　　说明：多个选择器之间用 ","（英文逗号）分隔，可以将任意多个选择器分组在一起。

　　【例 10-10】　分组选择器的应用。

　　<!doctype html>

　　<html>

　　<head>

　　<meta charset="utf-8">

　　<title> 例 10-10</title>

　　<style type="text/css">

　　　　/*

　　　　h1{　　　　color: green; }

　　　　h2{　　　　color: green; }

　　　　.green{ color: green; }

　　　　*/

　　/* 上面的样式代码可以通过分组选择器实现 */

　　　　h1,h2,.green{

　　　　　　color: green;

```
        }
    </style>
    </head>
    <body>
        <h1> 标题 1</h1>
        <p class="green"> 段落 1</p>
        <h2> 标题 2</h2>
        <p> 段落 2</p>
    </body>
    </html>
```

本例中，"h1""h2"".green" 这 3 个选择器设置的样式是 样的，代码显得冗余，将它们分为一组后，样式 "color: green;" 只需定义一次，这样就可以得到更简洁的样式表。

10.7 超链接伪类选择器

在 CSS 中，有两种特殊的选择器类型：伪类选择器和伪元素选择器。伪类选择器用于元素处于某种状态时为其添加对应的样式，例如："hover"用于设置鼠标悬停在某元素上时元素所呈现的样式；伪元素选择器用于创建一些不在 DOM 文档树中的元素，并为其添加样式，例如下面的示例。

CSS 代码如下：

```
p:before{
    content: " 添加的文本， ";
    color: #f00;
}
```

对应的 HTML 结构如下：

```
<p> 这是段落。</p>
```

上述 CSS 代码中，"before"用来在 p 元素之前添加文本，并为这些文本添加红色字体样式，在浏览器中显示内容为："添加的文本，这是段落。"，虽然用户可以在浏览器中看到添加的文本，但是它实际上并不在 DOM 文档树中。

CSS 的伪类和伪元素有很多，本书选择其中最常用的超链接伪类做介绍。通过超链接伪类可以设置不同链接状态的样式，超链接标签 <a> 的伪类有 4 种，对应 4 种状态，具体如表 10-2 所示。

表 10-2　超链接伪类

超链接标签 <a> 的伪类	说　　明
a:link{ CSS 样式规则 ; }	设置未访问时超链接的样式
a:visited{ CSS 样式规则 ; }	设置访问后超链接的样式
a:hover{ CSS 样式规则 ; }	设置鼠标经过、悬停在超链接上时的样式
a: active{ CSS 样式规则 ; }	设置鼠标单击激活超链接时的样式

这 4 个伪类的定义必须按照 link、visited、hover、active 的顺序进行，否则浏览器可能无法正常显示。在实际应用时，不必将 4 种伪类全部列出，但是只要列出就一定要遵循这个顺序。

【例 10-11】　超链接伪类选择器的应用。

```
<!doctype html>
<html>
<head>
<meta charset="utf-8">
<title> 例 10-11</title>
<style type="text/css">
    /* 所有超链接的样式 */
    a:link{color:green;}
    a:visited{color:blue;}
    a:hover{color:red;}
    a:active{color:yellow;}
    /* 顶部超链接样式 */
    #top a:link{
        text-decoration: none;  /* 去掉下划线 */
    }
</style>
</head>
<body>
    <div id="top">
        <a href="#"> 顶部超链接 </a>
    </div>
    <div id="bottom">
        <a href="##"> 底部超链接 </a>
    </div>
</body>
</html>
```

本例中，首先定义了超链接 4 个伪类样式，适用于页面中所有的超链接 a 元素，然后使用后代选择器 "#top a:link" 设置了顶部超链接的样式为 "去掉下划线"。

10.8　CSS 优 先 级

定义 CSS 样式时，经常会在一个元素上应用多个样式规则，如果这些样式规则中定义了相同的样式，那么以哪个样式为准呢？这就是 CSS 优先级的问题。

首先我们来看一个示例。

【例 10-12】　CSS 优先级示例 1。

```
<!doctype html>
<html>
<head>
<meta charset="utf-8">
<title> 例 10-12</title>
<style type="text/css">
p{color:green;}
#p1{color:blue;}
.red{color:red;}
</style>
</head>
<body>
<p id="p1" class="red"> 我究竟是什么颜色? </p>
</body>
</html>
```

例 10-12 中, CSS 代码中的 3 个选择器 p、#p1、red 都选择了段落 p, 并分别设置了不同文本颜色, 那么 p 元素内的文本究竟是什么颜色呢? 大家到浏览器中运行便知结果, 文本显示为蓝色, 可见此处 id 选择器的优先级最高。

接下来, 对代码稍作修改, 删掉 <p> 标签内的 id 属性:

```
<p class="red"> 我究竟是什么颜色? </p>
```

这时, 文本显示为红色, 由此可知 class 选择器的优先级高于标签选择器。因此, 我们得出基本选择器的优先级关系: id 选择器 >class 选择器 > 标签选择器。

我们再来看一个示例。

【例 10-13】 CSS 优先级示例 2。

```
<!doctype html>
<html>
<head>
<meta charset="utf-8">
<title> 例 10-13</title>
<style type="text/css">
#p1{color:blue;}
.red{color: red;}
.yellow{color: yellow;}
</style>
</head>
<body>
<p id="p1" style="color: purple;"> 段落 1 是什么颜色? </p>
<p class="red yellow"> 段落 2 是什么颜色? </p>
</body>
```

</html>

段落 1 标签 <p> 同时定义了 id 属性和行内样式，例 10-12 中优先级最高的 id 选择器和行内样式进行比较，哪个优先级高？结论是行内样式的优先级高于 id 选择器，所以段落 1 文本显示为紫色。

段落 2 标签 <p> 同时应用了 class 样式 red 和 yellow，.red 和 .yellow 同为类样式，哪个优先级高呢？结论是同一级别的样式，定义时排在最后的优先级最高，所以段落 2 文本显示为黄色。

以上是 CSS 优先级的基本规则，在实际应用中可能更复杂一些，这就需要大家多实践，在实践中理解并掌握 CSS 优先级的规则。

10.9　案例：使用CSS控制超链接的样式

【案例描述】

本案例实现了多个页面间的超链接，并使用伪类选择器设置了超链接的样式。案例源文件参考"模块 10 案例"。

【考核知识点】

CSS 各种选择器的应用。

【练习目标】

(1) 熟悉 CSS 的基本语法。

(2) 掌握标签选择器的应用。

(3) 掌握分组选择器的应用。

(4) 掌握超链接伪类选择器的应用。

(5) 熟悉其他各类选择器。

【案例源代码】

(1) "html.html" 文件源代码如下：

```
<!doctype html>
<html>
<head>
<meta charset="utf-8">
<title> 模块 10 案例 </title>
<link href="style.css" rel="stylesheet" type="text/css" />
</head>
<body>
    <h1>Web 前端的三个核心技术 </h1>
    <nav>
        <a href="html.html">HTML( 结构 )</a>|
        <a href="css.html">CSS( 表现 )</a>|
```

```
        <a href="javascript.html">JavaScript( 行为 )</a>
    </nav>
    <hr/>
    <p>
        HTML(Hyper Text Markup Language) 超文本标记语言，主要由一些具备特殊含义的标签
构成。<br>
        HTML 用于描述页面的结构。<br>
        最新版本 HTML5。
    </p>
</body>
</html>
```

(2) "css.html" 文件和 "javascript.html" 文件源代码与 "html.html" 文件源代码相似，
请查看配套素材和源码。

(3) 3 个页面共用的 CSS 样式 "style.css" 文件源代码如下：

```
/* 标题及导航样式 */

h1,nav{
        text-align: center;
        font-size: 26px;
}
/* 超链接的样式 */
a{
        color: green;
        text-decoration: none;
}
a:hover{
        color: red;
        text-decoration: overline underline;
}
```

【运行结果】

源代码运行结果如图 10-7 所示。

Web前端的三个核心技术

HTML（结构）｜ CSS （表现）｜ JavaScript（行为）

CSS(Cascading Style Sheets)层叠样式表，是一门描述性语言，主要由一系列选择器和属性构成。
CSS用于控制页面中元素的样式。
最新版本CSS3。

图 10-7   页面运行结果

【案例分析】

本案例通过导航实现了 3 个页面间的链接。超链接样式设置：通过选择器"a"对

超链接 4 个状态的样式进行了统一设置，然后通过伪类选择器 "a:hover" 设置了鼠标经过超链接这一状态的样式，其中 "text-decoration" 样式属性表示文本的修饰，属性值 "overline underline" 表示同时设置上划线和下划线。

思考与练习题

一、选择题

1. 下列选项中不是 CSS 选择器类型的是（　　）。

A. 标签选择器　　　　　　　　　　　　B. id 选择器

C. class 选择器　　　　　　　　　　　 D. 行内选择器

2. id 选择器的 id 名前面必须要加的前缀符号是（　　）。

A. #　　　　　　　　　　　　　　　　 B. *

C. +　　　　　　　　　　　　　　　　 D. ~

3. 类选择器名使用的是（　　）属性的值。

A. id　　　　　　　　　　　　　　　　B. class

C. style　　　　　　　　　　　　　　　D. title

4. 下列选择器中不属于后代选择器的是（　　）。

A. p span　　　　　　　　　　　　　　B. p > span

C. p ~ span　　　　　　　　　　　　　D. p + span

5. CSS 代码 "h1,h2,#green{color: green;}" 的选择器类型是（　　）。

A. 后代选择器　　　　　　　　　　　　B. 交集选择器

C. 分组选择器　　　　　　　　　　　　D. 相邻兄弟选择器

二、填空题

1. class 选择器也称为 _____。

2. 选择页面中设置了 title 属性的所有元素，选择器的写法是 _____。

3. 有如下一段代码：

```
<body>
    <h1 class="red"> 标题 1</h1>
    <p> 段落 1</p>
    <p class="red"> 段落 2</p>
</body>
```

要选择段落 2，最恰当的 CSS 选择器写法是 _____。

4. 超链接的 4 个伪类选择器分别是 _____、_____、_____、_____。

三、判断题

1. 属性选择器必须指定属性名和属性值。　　　　　　　　　　　　　　　（　　）

2. 伪类选择器用于元素处于某种状态时为其添加对应的样式。　　　　　　（　　）

3. " :hover" 用于设置鼠标悬停在某元素上时元素所呈现的样式，它只能用在超链接

标签 <a> 上。 （   ）

　　4. 超链接伪类只要定义就必须 4 个全部列出。 （   ）

　　四、操作题

　　1. 新建一个包含图片和文字的网页，应用 3 种以上的选择器实现对网页元素的样式控制。

　　2. 制作一个包含超链接的网页，使用超链接伪类选择器设置超链接 4 个状态的样式。

模块 11

CSS 页面样式属性

11.1　文 本 样 式

开发网页时，页面的文本样式是最基本的样式。文本样式包含两种，一种是字体样式，包括字体类型、字体大小、字体粗细等；另一种是文本外观样式，包括文本颜色、文本水平对齐方式、段落首行缩进、文本修饰等。

11.1.1　字体样式

CSS 字体样式常用属性如表 11-1 所示。

表 11-1　CSS 字体样式常用属性

属　　　性	说　　　明
font-family	设置字体的类型
font-size	设置字体的大小
font-style	设置字体倾斜效果
font-weight	设置字体的粗细

1. 字体类型 font-family

字体类型其实就是我们熟悉的"宋体""隶书"等字体。在 CSS 中，使用 font-family 属性来定义字体类型。

语法格式如下：

　　font-family: 字体 1, 字体 2, 字体 3,…;

说明：font-family 可以指定多种字体，多个字体间以英文逗号隔开，优先级从左到右依次降低，即浏览器如果不支持第一个字体，则会尝试下一个。

【例 11-1】　设置字体类型。

　　<!doctype html>

　　<html>

　　<head>

　　<meta charset="utf-8">

```
<title> 例 11-1</title>
<style type="text/css">
p{
        font-family: 黑体 , 宋体 ;
}
</style>
</head>
<body>
    <p> 字体应显示为黑体。</p>
</body>
</html>
```

本例中，字体属性 font-family 属性值设置为"黑体，宋体"，表示优先使用"黑体"字体来显示，如果系统没有安装"黑体"字体，则使用"宋体"字体来显示，如果宋体也没有安装，则显示浏览器默认字体。

2. 字体大小 font-size

在 CSS 中，使用 font-size 属性来定义字体大小。

语法格式如下：

> font-size: 关键字 | 数值 ;

说明：关键字属性值不常用，有 x-small(较小)、medium(默认值，正常)、large(大) 等。数值是常用的取值方式，常用单位如表 11-2 所示。

表 11-2　CSS 字体大小常用单位

单　位	说　　明
px	像素，是指显示器上最小的点，实际显示大小与显示器相关，所以是相对单位。px 单位最常用，推荐使用
em	相对于当前元素内文本的字体尺寸。如元素的 font-size 为 16px，那么 1em = 16px，所以 em 也是相对单位
%	百分比，相对单位。如设置样式"font-size:12px; line-height:150%"，那么行高 (行间距) 为字体的 150%(12×1.5 = 18px)
cm	厘米，绝对单位
mm	毫米，绝对单位
in	英寸，绝对单位
pt	点，绝对单位，1 点 =1/72 英寸 ≈0.3527 毫米

【例 11-2】　设置字体大小。

```
<!doctype html>
<html>
<head>
```

```
<meta charset="utf-8">
<title> 例 11-2</title>
<style type="text/css">
#p1{
        font-size: 18px;
}
#p2{
        font-size: 14px;
}
</style>
</head>
<body>
        <p id="p1"> 段落 1，字体大小为 18 像素。</p>
        <p id="p2"> 段落 2，字体大小为 14 像素。</p>
</body>
</html>
```

3. 字体风格 font-style

font-style 属性用于定义字体风格，如设置斜体、倾斜或正常字体。

语法格式如下：

font-style：关键字；

说明：font-style 的属性取值如表 11-3 所示。

表 11-3　font-style 属性取值

属性值	说　　明
normal	默认值，正常体
italic	斜体，只有自带斜体属性的字体才能正常显示 italic 斜体样式
oblique	倾斜，没有斜体属性的文字倾斜就需要设置为 oblique 值
inherit	从父元素继承字体样式。该属性值在其他属性中也适用。因其不常用，所以接下来其他属性的取值不再将其列出

【例 11-3】 设置字体斜体。

```
<!doctype html>
<html>
<head>
<meta charset="utf-8">
<title> 例 11-3</title>
<style type="text/css">
p{
        font-family: 微软雅黑；
```

```
        }
        #p1{
             font-style: italic;
        }
        #p2{
             font-style: oblique;
        }
        </style>
        </head>
        <body>
             <p id="p1"> 段落 1，斜体 italic。</p>
             <p id="p2"> 段落 2，字体倾斜 oblique。</p>
             <p> 段落 3，正常字体。</p>
        </body>
```

上述代码在浏览器中的预览效果如图 11-1 所示，可以看出段落 1 和段落 2 均显示为斜体。

段落1，斜体italic。

段落2，字体倾斜oblique。

段落3，正常字体。

图 11-1　设置字体斜体

4. 字体粗细 font-weight

在 CSS 中，使用 font-weight 属性来定义字体粗细。

语法格式如下：

> font-weight: 关键字 | 数值 ;

说明：font-weight 的属性值可以取关键字，也可以是 100～900 的整百数，其可用属性值如表 11-4 所示。

表 11-4　font-weight 属性取值

属性值	说　　明
normal	默认值，正常粗细
bold	粗体
bolder	很粗
lighter	较细
100～900(100 的整数倍)	定义由细到粗的字体。其中 400 相当于 normal，700 相当于 bold，值越大字体越粗

【例 11-4】　设置字体粗细。

```
<!doctype html>
<html>
<head>
<meta charset="utf-8">
<title> 例 11-4</title>
<style type="text/css">
    #p1{font-weight: lighter;}
    #p2{font-weight: normal;}
    #p3{font-weight: bold;}
    #p4{font-weight: bolder;}
</style>
</head>
<body>
    <p id="p1"> 段落 1，字体粗细为：lighter。</p>
    <p id="p2"> 段落 2，字体粗细为：normal( 默认值 )。</p>
    <p id="p3"> 段落 3，字体粗细为：bold。</p>
    <p id="p4"> 段落 4，字体粗细为：bolder。</p>
</body>
</html>
```

上述代码在浏览器中的预览效果如图 11-2 所示。

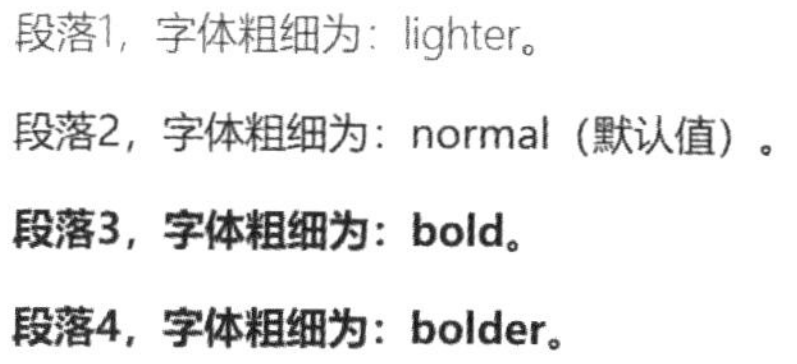

段落1，字体粗细为：lighter。

段落2，字体粗细为：normal（默认值）。

段落3，字体粗细为：bold。

段落4，字体粗细为：bolder。

图 11-2　设置字体粗细

5. 字体样式简写 font

font 属性用于在一个声明中设置所有字体属性，可以按顺序设置如下属性：

- font-style；
- font-variant；
- font-weight；
- font-size/line-height；
- font-family。

注意：font-size 和 font-family 的值是必需的。例如："font: 16px 黑体 ;"表示字体大小为 16px，字体为黑体。其他未设置的属性使用默认值，其中 line-height 属性用于设置行高，将在下节讲解。

6. 网络字体 @font-face

@font-face 是 CSS3 的新增规则，用于定义网络字体。通过 @font-face，开发者可以使用任何喜欢的字体，即使用户计算机未安装该字体也能正常显示。开发者只需将字体文件包含在自己的 Web 服务器上，它将在需要时自动下载给用户。

语法格式如下：

```
@font-face{
        font-family: 字体名称；
        src: 字体路径；
}
```

说明：上面的语法格式中，font-family 用于指定该网络字体的名称，可以随意定义；src 属性用于指定该字体文件的路径。

【例 11-5】 网络字体的应用。

```
<!doctype html>
<html>
<head>
<meta charset="utf-8">
<title> 例 11-5</title>
<style type="text/css">
@font-face{
        font-family:jianzhi;           /* 网络字体名称 */
        src:url(font/fzjzjw.ttf);      /* 网络字体路径 */
}
p{
        font-family:jianzhi;           /* 设置字体样式 */
        font-size:32px;
}
</style>
</head>
<body>
        <p>床前明月光 </p>
        <p> 疑是地上霜 </p>
</body>
</html>
```

如果要使用网络字体，先要从网上下载需要的字体保存到自己的 Web 站点中，然后通过 @font-face 规则定义网络字体的名称，并指明网络字体保存的位置，之后便可以通过 font-family 属性设置字体为该网络字体了。

11.1.2 文本外观样式

文本外观样式包含文本颜色、文本的排版、文本的修饰等。常用 CSS 文本外观样式属性如表 11-5 所示。

表 11-5　常用 CSS 文本外观样式属性

属　性	说　明
color	设置文本颜色
text-align	设置文本水平对齐方式
text-indent	设置段落首行缩进
line-height	设置行高 (行距)
text-decoration	设置或删除文本装饰
text-transform	设置文本的大小写转换
text-shadow	为文本添加阴影
letter-spacing	增加或减少字符间的空白 (字符间距)

1. 文本颜色 color

在 CSS 中，使用 color 属性来定义文本颜色。

语法格式如下：

　　color：颜色值 ;

说明：颜色值可以通过以下方法指定：

- 预定义的颜色名称；
- 十六进制颜色；
- RGB 颜色；
- RGBA 颜色；
- HSL 颜色；
- HSLA 颜色。

其中，RGB 和 HSL 是两种颜色模式，分别通过 rgb() 和 hsl() 函数设定颜色值，例如："rgb(255,0,0)" 中的 3 个参数分别表示红色取值 255、绿色取值 0、蓝色取值 0，所以颜色为红色。RGBA 和 HSLA 中的 "A" 代表 alpha，表示颜色的透明度，例如：RGBA(0,0,255,0.5) 表示半透明的蓝色。因为颜色模式方法不常用，本书不再详细介绍。接下来介绍另两种常用颜色值的定义方法：预定义颜色名称和十六进制颜色。

(1) 预定义的颜色名称。

HTML 和 CSS 颜色规范中定义了 147 种颜色名称，包含 17 种标准色和 130 种其他颜色。颜色名称其实就是颜色的英文名，如 red、blue、green 等。现在大部分开发工具都会有代码提示，可以帮助我们快速输入颜色英文名，所以不必担心不认识那些复杂的英文单词。

(2) 十六进制颜色。

十六进制色的格式为 "#RRGGBB"，其中，RR 表示红色，GG 表示绿色，BB 表示蓝色，所取的值必须介于 00 与 FF 之间，如 "#FB0000" 显示为红色，"#999999" 显示为灰色，如果每组色值为叠数，如 "#6699CC"，就可以简写成 "#69C"。

【例 11-6】 设置文本颜色。

```
<!doctype html>
<html>
<head>
<meta charset="utf-8">
<title> 例 11-6</title>
<style type="text/css">
        #p1{ color: blueviolet;  }
        #p2{ color: #F6BA3A;  }
</style>
</head>
<body>
        <p id="p1"> 段落 1，文本颜色为：blueviolet。</p>
        <p id="p2"> 段落 2，文本颜色为：#F6BA3A。</p>
</body>
</html>
```

2. 文本水平对齐 text-align

在 CSS 中，使用 text-align 属性来控制文本水平方向的对齐方式。
语法格式如下：

```
text-align: 关键字 ;
```

说明：text-align 属性取值如表 11-6 所示。

表 11-6 text-align 属性取值

属性值	说　明
left	默认值，左对齐
center	居中对齐
right	右对齐
justify	两端对齐

【例 11-7】 设置文本水平对齐方式。

```
<!doctype html>
<html>
<head>
<meta charset="utf-8">
<title> 例 11-7</title>
<style type="text/css">
        h1 {text-align: center;}
        .jf{text-align: justify;}
```

```
    .rt {text-align: right;}
  </style>
  </head>
  <body>
    <h1> 标题 1( 居中对齐 )</h1>
    <p class="jf">Stray birds of summer come to my window to sing and fly away. And yellow
    leaves of autumn, which have no songs, flutter and fall there with a sign.( 两端对齐 )</p>
    <p class="rt"> 段落 2( 右对齐 )</p>
  </body>
  </html>
```

上述代码在浏览器中的预览效果如图 11-3 所示。

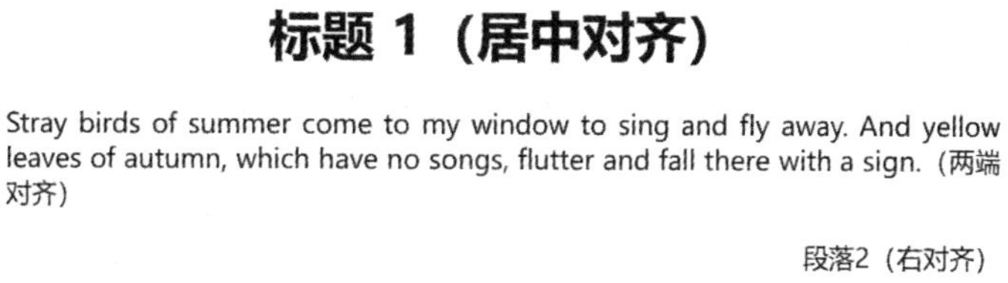

标题 1（居中对齐）

Stray birds of summer come to my window to sing and fly away. And yellow leaves of autumn, which have no songs, flutter and fall there with a sign. (两端对齐)

段落2（右对齐）

图 11-3　设置文本水平对齐方式

3. 首行缩进 text-indent

在 CSS 中，使用 text-indent 属性来定义段落的首行缩进。

语法格式如下：

```
    text-indent: 数值 ;
```

说明：数值单位参照 font-size 的单位。数值可以为负值，如果值是负数，首行左缩进。

【例 11-8】　设置段落首行缩进。

```
    <!doctype html>
    <html>
    <head>
    <meta charset="utf-8">
    <title> 例 11-8</title>
    <style type="text/css">
    p{
        font-size: 16px;
        text-indent: 2em;
    }
    </style>
    </head>
    <body>
        <h3> 天净沙·秋 </h3>
```

```
<p> 孤村落日残霞，轻烟老树寒鸦，一点飞鸿影下。青山绿水，白草红叶黄花。</p>
</body>
</html>
```

上述代码在浏览器中的预览效果如图 11-4 所示。

天净沙·秋

　　孤村落日残霞，轻烟老树寒鸦，一点飞鸿影下。青山绿水，白草
红叶黄花。

图 11-4　设置段落首行缩进

本例中，text-indent 属性值设置为 "2em"，em 是相对单位，表示当前字体的大小，2em 为当前字体大小的 2 倍，在这里是 32px，所以 "text-indent: 2em;" 即首行右缩进 2 字符。

4. 行高 line-height

行高即我们在 Word 中设置的行距，在 CSS 中，使用 line-height 属性来定义行高。语法格式如下：

　　line-height: 数值 ;

说明：数值单位参照 font-size 的单位，数值不允许为负值。

【例 11-9】 设置行高。

```
<!doctype html>
<html>
<head>
<meta charset="utf-8">
<title> 例 11-9</title>
<style type="text/css">
        #p1{ line-height: 10px; }
        #p2{ line-height: 150%; }
</style>
</head>
<body>
        <h3> 定风波·莫听穿林打叶声 </h3>
        <p id="p1"> 莫听穿林打叶声，何妨吟啸且徐行。竹杖芒鞋轻胜马，谁怕？一蓑烟雨任
平生。料峭春风吹酒醒，微冷，山头斜照却相迎。回首向来萧瑟处，归去，也无风雨
也无晴。</p>
        <p id="p2"> 莫听穿林打叶声，何妨吟啸且徐行。竹杖芒鞋轻胜马，谁怕？一蓑烟雨任
平生。料峭春风吹酒醒，微冷，山头斜照却相迎。回首向来萧瑟处，归去，也无风雨
也无晴。</p>
</body>
</html>
```

上述代码在浏览器中的预览效果如图 11-5 所示。

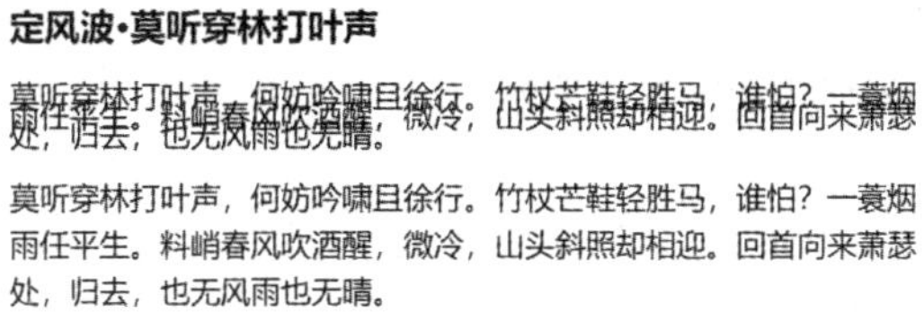

定风波·莫听穿林打叶声

莫听穿林打叶声，何妨吟啸且徐行。竹杖芒鞋轻胜马，谁怕？一蓑烟雨任平生。料峭春风吹酒醒，微冷，山头斜照却相迎。回首向来萧瑟处，归去，也无风雨也无晴。

莫听穿林打叶声，何妨吟啸且徐行。竹杖芒鞋轻胜马，谁怕？一蓑烟雨任平生。料峭春风吹酒醒，微冷，山头斜照却相迎。回首向来萧瑟处，归去，也无风雨也无晴。

图 11-5　设置行高

本例中，第一段行高设置为"10px"，由于浏览器默认字体大小为 16px，所以行与行之间的文字产生了重叠。第二段行高设置为"150%"，即 24px，所以行距拉开。

5. 文本装饰 text-decoration

在 CSS 中，text-decoration 属性用于设置或删除文本装饰，常用来删除超链接的下划线。

语法格式如下：

　　text-decoration: 关键字；

说明：text-decoration 的属性取值如表 11-7 所示。

表 11-7　text-decoration 属性取值

属性值	说　　明
none	默认值，可以用来去除已有的装饰
underline	下划线
line-through	删除线
overline	上划线

实际上，text-decoration 还有子属性，如 text-decoration-style 表示线型，text-decoration-color 表示线条颜色等。对于初学者来说，这些子属性很少会用到。

【例 11-10】 设置文本装饰。

```
<!doctype html>

<html>

<head>

<meta charset="utf-8">

<title> 例 11-10</title>

<style type="text/css">

h1 {

        text-decoration: overline;

}

h2 {

        text-decoration: line-through;

        text-decoration-color: red;  /* 设置线条颜色为红色 */

}

h3 {
```

```
        text-decoration: underline;
        text-decoration-style: wavy; /* 设置线条样式为波浪线 */
    }
    p > a{
        text-decoration: none;
    }
    </style>
    </head>
    <body>
        <h1> 应用上划线效果 </h1>
        <h2> 应用删除线效果 </h2>
        <h3> 应用下划线效果 </h3>
        <a href="#"> 超链接默认有下划线 </a>
        <p><a href="#"> 去除超链接的下划线 </a></p>
    </body>
    </html>
```

上述代码在浏览器中的预览效果如图 11-6 所示。

应用上划线效果

应用删除线效果

应用下划线效果

超链接默认有下划线

去除超链接的下划线

图 11-6 设置文本装饰

6. 文本转换 text-transform

在 CSS 中，text-transform 属性用于转换文本中英文字母的大小写。

语法格式如下：

        text-transform: 关键字 ;

说明：text-transform 的属性取值如表 11-8 所示。

表 11-8 text-transform 属性取值

属性值	说　　明
none	默认值，无转换
uppercase	转换成大写
lowercase	转换成小写
capitalize	仅每个英文单词的首字母转换成大写，其余无转换

【例 11-11】　设置文本转换。

```
<!doctype html>
<html>
<head>
<meta charset="utf-8">
<title> 例 11-11</title>
<style type="text/css">
        p.uppercase {  text-transform: uppercase;}
        p.lowercase {  text-transform: lowercase;}
        p.capitalize {  text-transform: capitalize;}
</style>
</head>
<body>
        <p class="uppercase"> 全部转换成大写：Brevity is the SOUL of wit.</p>
        <p class="lowercase"> 全部转换成小写：Brevity is the SOUL of wit.</p>
        <p class="capitalize"> 首字母转换成大写，其余不变：Brevity is the SOUL of wit.</p>
</body>
</html>
```

上述代码在浏览器中的预览效果如图 11-7 所示。

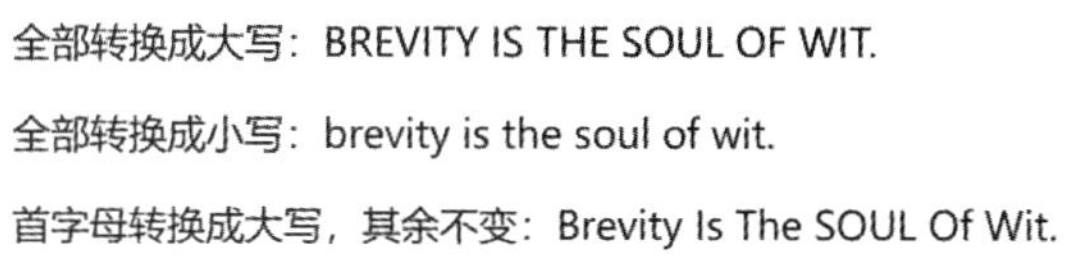

全部转换成大写：BREVITY IS THE SOUL OF WIT.

全部转换成小写：brevity is the soul of wit.

首字母转换成大写，其余不变：Brevity Is The SOUL Of Wit.

图 11-7　设置文本转换

7. 文本阴影 text-shadow

在 CSS 中，text-shadow 属性用于为文本添加阴影。

语法格式如下：

```
text-shadow:h-offset v-offset blur-radius color;
```

说明：h-offset 是必需值，表示水平阴影的偏移量 (数值为正值时阴影向右，负值向左)；v-offset 是必需值，表示垂直阴影的偏移量 (数值为正时阴影向下,负值向上); blur-radius 是可选值，表示模糊半径；color 是可选值，表示阴影的颜色。

【例 11-12】　设置文本阴影。

```
<!doctype html>
<html>
<head>
<meta charset="utf-8">
<title> 例 11-12</title>
<style type="text/css">
```

```
    p{
        color: darkcyan;
        text-shadow: -4px 4px 3px #783D8B;
    }
    </style>
    </head>
    <body>
        <p>我有一所房子，面朝大海，春暖花开。</p>
    </body>
    </html>
```

上述代码在浏览器中的预览效果如图 11-8 所示。

我有一所房子，面朝大海，春暖花开。

图 11-8　设置文本阴影

8. 字符间距 letter-spacing

在 CSS 中，letter-spacing 属性用于定义字符间距。

语法格式如下：

letter-spacing: 数值；

说明：数值单位参照 font-size 的单位。数值为负值时，字体会产生挤压，但不会重叠。

【例 11-13】　设置字符间距。

```
    <!doctype html>
    <html>
    <head>
    <meta charset="utf-8">
    <title>例 11-13</title>
    <style type="text/css">
        #sp1 { letter-spacing: normal;}
        #sp2 { letter-spacing: 10px;}
        #sp3 { letter-spacing: -4px;}
    </style>
    </head>
    <body>
        <span id="sp1">一首好听的歌《Yesterday Once More》</span><br>
        <span id="sp2">一首好听的歌《Yesterday Once More》</span><br>
        <span id="sp3">一首好听的歌《Yesterday Once More》</span>
    </body>
    </html>
```

上述代码在浏览器中的预览效果如图 11-9 所示。

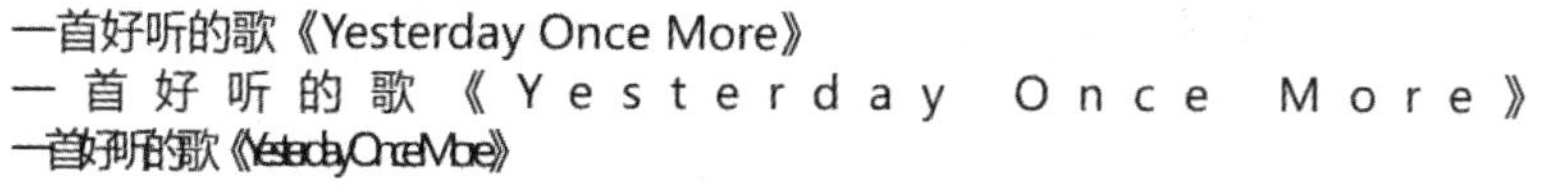

一首好听的歌《Yesterday Once More》

一 首 好 听 的 歌 《 Y e s t e r d a y　O n c e　M o r e 》

一首好听的歌《YesterdayOnceMore》

图 11-9　设置字符间距

letter-spacing 控制的是字符间距，这里的"字符"是指每个中文字或每个英文字母，并不是单词。如果要设置词间距，应该使用 word-spacing 属性。

11.2　背　景　样　式

在 CSS 中，背景样式主要包括两种：背景颜色和背景图像。

11.2.1　背景颜色

CSS 中设置背景颜色的属性是 background-color。

语法格式如下：

background-color: 颜色值 ;

说明：此处颜色值的取值规则与文本颜色属性 color 是一致的。另外，background-color 还可以取值为"transparent"，表示透明背景。

【例 11-14】　设置背景颜色。

```
<!doctype html>
<html>
<head>
<meta charset="utf-8">
<title> 例 11-14</title>
<style type="text/css">
        h1{ background-color: lightcoral;}
        p{ background-color: #9BF260;}
        div{ background-color: #91C3FA;}
</style>
</head>
<body>
        <h1>CSS background-color 实例 </h1>
        <div>
            div 中的文本。
            <p> 段落在 div 元素中，该段落有自己的背景颜色。</p>
            div 中的文本。
        </div>
</body>
</html>
```

上述代码在浏览器中的预览效果如图 11-10 所示。

CSS background-color 实例

div中的文本。

段落在div元素中，该段落有自己的背景颜色。

div中的文本。

图 11-10　设置背景颜色

11.2.2　背景图像

在 CSS 中，与背景图像相关的样式属性比较多，常用的背景图像属性如表 11-9 所示。

表 11-9　CSS 常用背景图像属性

属　　性	说　　明
background-image	定义背景图像的来源
background-repeat	定义背景图像的平铺方式
background-position	定义背景图像的显示位置
background-attachment	定义背景图像是否随页面滚动
background-size	定义背景图像的尺寸

1. background-image 属性

background-image 属性是设置背景图像的必须属性，它定义了背景图像的来源。
语法格式如下：

    background-image: url(" 图像地址 ");

说明：图像地址即图像的存储位置，该地址的格式和 <img> 标签的"src"属性值格式相同。

【例 11-15】　设置背景图像。

```
<!doctype html>
<html>
<head>
<meta charset="utf-8">
<title> 例 11-15</title>
<style type="text/css">
#div1{
        background-image: url("images/T&J.jpg");
        height: 400px;  /* div 盒子的高 */
        width: 600px;   /* div 盒子的宽 */
}
</style>
</head>
<body>
        <div id="div1">
```

《猫和老鼠》(Tom and Jerry) 是米高梅电影公司于 1939 年制作的一部动画，该片由威廉·汉纳、约瑟夫·巴伯拉编写，弗雷德·昆比制作，首部剧集《甜蜜的家》于 1940 年 2 月 10 日在美国首播。

      </div>

    </body>

    </html>

上述代码在浏览器中的预览效果如图 11-11 所示。

图 11-11　设置背景图像

  本例中，背景图像路径 "images/T&J.jpg" 是相对路径，表示图像位于和网页同一目录的 images 文件夹内。本例除了设置了背景图像外，还定义了 div 元素的宽与高，从图 11-11 可以看出，图像铺满了整个 div 容器，因为图像自身尺寸小于 div 元素的宽与高，所以图像在水平和垂直方向上都进行了重复显示。

2. background-repeat 属性

  在 CSS 中，background-repeat 属性定义了背景图像的平铺方式，即重复显示的方式。语法格式如下：

    background-repeat: 关键字;

说明：background-repeat 属性取值如表 11-10 所示。

表 11-10　background-repeat 属性取值

属性值	说　　明
no-repeat	不平铺
repeat	默认值，表示在水平方向和垂直方向同时平铺
repeat-x	在水平方向平铺
repeat-y	在垂直方向平铺
round	CSS3 新增属性值。当容器空间小于图像时，缩小图像填充容器 (非等比例缩放)；当容器空间大于图像时，重复 n(n ≥ 0) 次之后，如果剩余空间小于图像尺寸的 50% 则缩放已填充的背景图像直至填满容器，否则重复第 n+1 次。不管容器空间大小如何，始终显示完整的图像
space	CSS3 新增属性值。当容器空间小于图像时，图像会被裁切；当容器空间大于图像时，尽可能多地重复图像，剩下不足以显示全图的空白部分在重复的图像之间均等分布。不管容器空间大小如何，图像都不会被缩放

【例 11-16】 设置背景图像重复。

```
<!doctype html>

<html>

<head>

<meta charset="utf-8">

<title> 例 11-16</title>

<style type="text/css">

#div1{

        background-image: url("images/T&J.jpg");

        height: 400px;   /* div 盒子的高 */

        width: 600px;    /* div 盒子的宽 */

        background-repeat: repeat-y;

}

</style>

</head>

<body>

        <div id="div1">

《猫和老鼠》(Tom and Jerry) 是米高梅电影公司于 1939 年制作的一部动画，该片由威廉·

汉纳、约瑟夫·巴伯拉编写，弗雷德·昆比制作，首部剧集《甜蜜的家》于 1940 年 2 月

10 日在美国首播。

        </div>

</body>

</html>
```

上述代码在浏览器中的预览效果如图 11-12 所示。

图 11-12   设置背景图像重复

本例在上一例的基础上稍做了修改，设置了样式："background-repeat: repeat-y"，表
示背景图像重复方式为"垂直方向重复"。

3. background-position 属性

在 CSS 中，background-position 属性定义了背景图像的位置。

语法格式如下：

　　background-position: 关键字 | 数值；

说明：不管是取关键字还是数值，一般都要设置两个值，分别表示水平方向和垂直方向上的位置，两个值之间有空格。如果只取一个值，那么另一个值自动为居中位置，取值规则如表 11-11 所示。

表 11-11　background-position 属性取值规则

属性值		说　　明
关键字取值	left top	左上角
	left center	中部左对齐
	left bottom	左下角
	right top	右上角
	right center	中部右对齐
	right bottom	右下角
	center top	靠上居中
	center center	正中
	center bottom	靠下居中
数值格式	xpos ypos	第一个值是水平位置，第二个值是垂直位置。单位可以是像素 (0px 0px) 或任何其他 CSS 单位。如果仅指定了一个值，另一个值将取 50% 居中位置
	x% y%	第一个值是水平位置，第二个值是垂直位置。左上角是 0% 0%。右下角是 100% 100%。如果仅指定了一个值，另一个值将是 50%。默认值为：0% 0%

【例 11-17】 设置背景图像位置。

```
<!doctype html>
<html>
<head>
<meta charset="utf-8">
<title> 例 11-17</title>
<style type="text/css">
#div1{
    background-color: antiquewhite;
    background-image: url("images/10.png");
    background-repeat: no-repeat;
    background-position: right bottom;
    height: 300px;
    width: 500px;
}
</style>
```

```
    </head>
    <body>
        <div id="div1">
            div 容器
        </div>
    </body>
</html>
```

上述代码在浏览器中的预览效果如图 11-13 所示。

图 11-13　设置背景图像位置

本例中，既设置了背景颜色又设置了背景图像，因为背景图像不重复，所以没有铺满整个容器，没有背景图像的空间显示背景色。background-position 样式取值 "right bottom"，表示背景图像显示在右下角。

4. background-attachment 属性

在 CSS 中，background-attachment 属性定义了背景图像是固定还是随着页面的其余部分滚动。

语法格式如下：

background-attachment: 关键字 ;

说明：background-attachment 属性取值如表 11-12 所示。

表 11-12　background-attachment 属性取值

属性值	说　　明
scroll	默认值，背景图片随着页面的滚动而滚动，但不随元素内容滚动 (当元素存在滚动条并拖动的时候)
fixed	背景图片不会随着页面、元素内容的滚动而滚动
local	背景图片会随着页面、元素内容的滚动而滚动

【例 11-18】　设置背景图像固定。

```
<!doctype html>
<html>
<head>
```

```
<meta charset="utf-8">
<title> 例 11-18</title>
<style type="text/css">
#div1{
        font-size: 32px;
        line-height: 1.5;
        background-color: antiquewhite;
        background-image: url("images/10.png");
        height: 300px;
        width: 400px;
        overflow: scroll; /* 使 div 元素出现滚动条 */
        background-attachment: fixed;
}
</style>
</head>
<body>
        <div id="div1">
            <p> 这是 div 容器 </p>
            <p>overflow 属性：指定当元素的内容太大而超出容器尺寸时的处理方式，是剪裁
                内容还是添加滚动条。<br></p>
        </div>
</body>
</html>
```

上述代码在浏览器中的预览效果如图 11-14 所示。

图 11-14　设置背景图像固定

本例中，使用"overflow: scroll"属性调出 div 元素的滚动条，我们还需要将浏览器尽量缩小以便出现页面滚动条，此时可以看出"fixed"属性值的效果，不管是拖动 div 元素的滚动条还是页面滚动条，背景图片位置始终不变。其他两个属性值大家可以自行测试，查看效果。

5. background-size 属性

background-size 是 CSS3 新增属性，规定了背景图像的尺寸。

语法格式如下：

background-size: 关键字 | 数值 ;

说明：background-size 属性的取值规则如表 11-13 所示。

表 11-13　background-size 属性取值规则

属性值		说　　明
关键字取值	auto	默认值，背景图像原图尺寸
	cover	把背景图像等比例扩展至足够大，以使背景图像铺满整个容器。背景图像也许无法完整显示在背景区域中
	contain	将背景图像等比例缩放成能在背景区域完整显示的最大尺寸
数值格式	width height	设置背景图像的宽与高，第一个值设置宽度，第二个值设置高度，单位可以是像素 (100px 50px) 或任何其他 CSS 单位。如果只给出一个值，第二个值则为 auto(自动，即等比例缩放图像)
	w% h%	计算相对于背景定位区域的百分比。第一个值设置宽度，第二个值设置高度。比如 "50% 50%" 表示缩放背景图像，使图像的宽、高均为背景区域的 50%。如果只给出一个值，第二个值则为 auto

【例 11-19】　设置背景图像大小。

```
<!doctype html>
<html>
<head>
<meta charset="utf-8">
<title> 例 11-19</title>
<style type="text/css">
#div1{
    background-color: aquamarine;
    background-image: url("images/T&J.jpg");
    background-repeat: no-repeat;
    height: 300px;
    width: 500px;
    background-size: 50% 50%;
}
</style>
</head>
<body>
    <div id="div1">
        <p> 这是 div 容器 </p>
    </div>
</body>
</html>
```

上述代码在浏览器中的预览效果如图 11-15 所示。

图 11-15　设置背景图像大小

本例中，背景图像尺寸设置为"50% 50%"，表示缩放背景图像，使图像宽与高均为背景区域的 50%。

6. 背景样式简写 background

从上面的实例中我们可以看到，页面的背景样式通过很多的属性来控制，为了简化这些属性的代码，可以将这些属性合并在同一个属性中，这个属性就是背景颜色的简写属性：background。

background 可以设置如下属性：

- background-color；
- background-position；
- background-size；
- background-repeat；
- background-origin；
- background-clip；
- background-attachment；
- background-image。

如果不设置其中的某个值，也不会出问题，比如"background:#ff0 url("T&J.jpg");"也是允许的。

11.3　边　框　样　式

网页中任何元素都可以设置边框属性。在 CSS 中，可以设置边框的宽度、颜色、样式、圆角等属性。

11.3.1　整体边框样式

边框样式的基本属性包括 3 个：边框宽度 border-width、边框风格 border-style、边框颜色 border-color。border-width 和 border-color 必须结合 border-style 一起使用，否则在浏览器中无效果。

1. 边框宽度 border-width

边框宽度即指边框线条的粗细。border-width 的语法格式如下：

border-width: 关键字 | 数值；

说明：border-width 属性的取值规则如表 11-14 所示。

表 11-14　border-width 属性的取值规则

属性值		说　明
关键字取值	thin	定义细的边框
	medium	默认值。定义中等的边框
	thick	定义粗的边框
数值格式	length	自定义边框的宽度。单位可以是像素或其他 CSS 长度单位

2. 边框风格 border-style

边框风格即指边框的线型。border-style 的语法格式如下：

　　border-style: 关键字 ;

说明：border-style 属性取值如表 11-15 所示。

表 11-15　border-style 属性取值

属性值	说　明
none	定义无边框
hidden	定义边框隐藏，与"none"效果相同。不过应用于表格时除外，对于表格，hidden 用于解决边框冲突
dotted	定义点状边框
dashed	定义虚线边框
solid	定义实线边框
double	定义双线边框。双线的宽度等于 border-width 的值
groove	定义 3D 槽状边框。其效果取决于 border-color 的值
ridge	定义 3D 脊状边框。其效果取决于 border-color 的值
inset	定义 3D 凹陷效果。其效果取决于 border-color 的值
outset	定义 3D 凸起效果。其效果取决于 border-color 的值

【例 11-20】　设置边框风格。

```
<!doctype html>
<html>
<head>
<meta charset="utf-8">
<title> 例 11-20</title>
<style type="text/css">
    p{border-width: 5px;}
    p.dotted {border-style: dotted;}
    p.dashed {border-style: dashed;}
    p.solid {border-style: solid;}
```

```
        p.double {border-style: double;}
        p.groove {border-style: groove;}
        p.ridge {border-style: ridge;}
        p.inset {border-style: inset;}
        p.outset {border-style: outset;}
        p.none {border-style: none;}
        p.hidden {border-style: hidden;}
    </style>
    </head>
    <body>
        <h1>border-style 属性 </h1>
        <p class="dotted"> 点状边框。</p>
        <p class="dashed"> 虚线边框。</p>
        <p class="solid"> 实线边框。</p>
        <p class="double"> 双线边框。</p>
        <p class="groove"> 槽状边框。</p>
        <p class="ridge"> 脊状边框。</p>
        <p class="inset">3D inset 凹陷效果。</p>
        <p class="outset">3D outset 突起效果。</p>
        <p class="none"> 无边框。</p>
        <p class="hidden"> 隐藏边框。</p>
    </body>
    </html>
```

上述代码在浏览器中的预览效果如图 11-16 所示。

border-style 属性

点状边框。

虚线边框。

实线边框。

双线边框。

槽状边框。

脊状边框。

3D inset凹陷效果。

3D outset突起效果。

无边框。

隐藏边框。

图 11-16　设置边框风格

　　虽然 border-style 的属性值很多，但大部分很少用到。一般情况下，solid 和 dashed 这两个属性值比较常用。

3. 边框颜色 border-color

border-color 属性用来定义边框的颜色，其语法格式如下：

```
border-color: 颜色值;
```

说明：border-color 的颜色取值参照 color 属性。

【例 11-21】 设置边框颜色。

```
<!doctype html>
<html>
<head>
<meta charset="utf-8">
<title> 例 11-19</title>
<style type="text/css">
#div1{
        background-image: url("images/T&J.jpg");
        height: 300px;
        width: 500px;
        border-style: dashed;
        border-width: 6px;
        border-color:#10F4E2;
}
</style>
</head>
<body>
        <div id="div1">
                <p> 这是 div 容器 </p>
        </div>
</body>
</html>
```

4. 边框 border

border 属性是 border-width、border-style、border-color 这 3 个属性的简洁写法，其语法格式如下：

```
border:border-width border-style border-color;
```

说明：border-style 是必须属性。

例如，例 11-21 中的 3 行边框样式代码 "border-style: dashed; border-width: 6px; border-color:#10F4E2;" 可以简写为 "border: 6px dashed #10F4E2;"。注意，3 个属性值之间用空格间隔。

5. 圆角边框 border-radius

border-radius 属性是 CSS3 新增属性，它可以给任何元素制作 "圆角"，其语法格式如下：

```
border-radius: 数值;
```

　　说明：这里的数值是边框 4 个角内切圆的半径。border-radius 的取值可以是 1 ～ 4 个，代表的含义如下：

　　(1) 1 个值 (如：border-radius:10px)，表示四个圆角值相同。

　　(2) 2 个值 (如：border-radius:10px 20px)，第 1 个值为左上角与右下角，第 2 个值为右上角与左下角。

　　(3) 3 个值 (如：border-radius:10px 20px 30px)，第一个值为左上角，第二个值为右上角和左下角，第三个值为右下角。

　　(4) 4 个值 (如：border-radius:10px 20px 30px 5px)，第一个值为左上角，第二个值为右上角，第三个值为右下角，第四个值为左下角。

　　【例 11-22】　设置圆角边框。

```
<!doctype html>
<html>
<head>
<meta charset="utf-8">
<title>例 11-22</title>
<style type="text/css">
#div1{
    background-image: url("images/T&J.jpg");
    height: 300px;
    width: 500px;
    border: 6px dashed #10F4E2;
    border-radius: 30px 5px;
}
</style>
</head>
<body>
    <div id="div1"></div>
</body>
</html>
```

上述代码在浏览器中的预览效果如图 11-17 所示。

图 11-17　设置圆角边框

本例中，border-radius 属性设置了两个值 "30px 5px"，表示左上角和右下角圆角半径为 30px，右上角和左下角圆角半径为 5px。

11.3.2 局部边框样式

HTML 中的元素都是方形的，所以边框有四条边，每一条边的样式都可以单独定义。局部边框样式属性如表 11-16 所示。

表 11-16 局部边框样式属性

属　　　性	说　　　明
border-top	简写属性，设置上边框样式
border top color	设置元素上边框的颜色
border-top-style	设置元素上边框的风格
border-top-width	设置元素上边框的宽度
border-right	简写属性，设置右边框样式
border-right-color	设置元素右边框的颜色
border-right-style	设置元素右边框的风格
border-right-width	设置元素右边框的宽度
border-bottom	简写属性，设置下边框样式
border-bottom-color	设置元素下边框的颜色
border-bottom-style	设置元素下边框的风格
border-bottom-width	设置元素下边框的宽度
border-left	简写属性，设置左边框样式
border-left-color	设置元素左边框的颜色
border-left-style	设置元素左边框的风格
border-left-width	设置元素左边框的宽度

【例 11-23】 设置局部边框样式。

```
<!doctype html>
<html>
<head>
<meta charset="utf-8">
<title> 例 11-23</title>
<style type="text/css">
#div1{
    background: url("images/10.png");
    height: 300px;
```

```
        width: 500px;
        border: 6px solid #10F4E2;
        border-top-style: dotted;
        border-bottom-color:#D80B99;
    }
    </style>
    </head>
    <body>
        <div id="div1"></div>
    </body>
    </html>
```

上述代码在浏览器中的预览效果如图 11-18 所示。

图 11-18　设置局部边框样式

本例中，首先通过 border 属性统一定义了四边的样式，然后通过 border-top-style 属性重新定义了上边框的线型为点状，border-bottom-color 属性重新定义了下边框的颜色，它们都实现了局部边框样式的变换。

11.3.3　表格边框样式

CSS 中与表格相关的样式主要有表格边框间距、表格边框合并。

1. 表格边框间距 border-spacing

在前面介绍 HTML 表格的模块中，表格的单元格之间是有间距的。在 CSS 中，可以通过 border-spacing 属性来控制相邻单元格边框间距离的大小。

border-spacing 的语法格式如下：

```
border-spacing: 数值 ;
```

说明：在这里，数值取值可以是 1 ～ 2 个，使用 px、cm 等 CSS 单位，不允许使用负值。如果定义一个值，那么定义的是水平或垂直间距。如果定义两个值，第一个设置水平间距，则第二个设置垂直间距。

【例 11-24】　设置表格边框间距。

```
<!doctype html>
<html>
<head>
```

```
<meta charset="utf-8">
<title> 例 11-24</title>
<style type="text/css">
table{
        border:3px solid #EC5AD1;
        width: 500px;
        border-spacing: 20px 10px; /* 设置单元格水平间距 20px，垂直间距 10px */
}
th,td{   border:2px solid #27B707;}
</style>
</head>
<body>
  <table>
        <caption> 表格标题 </caption>
        <tr>
                <th> 表头单元格 1</th>
                <th> 表头单元格 2</th>
        </tr>
        <tr>
                <td> 普通单元格 1-1</td>
                <td> 普通单元格 1-2</td>
        </tr>
        <tr>
                <td> 普通单元格 2-1</td>
                <td> 普通单元格 2-2</td>
        </tr>
  </table>
</body>
</html>
```

上述代码在浏览器中的预览效果如图 11-19 所示。

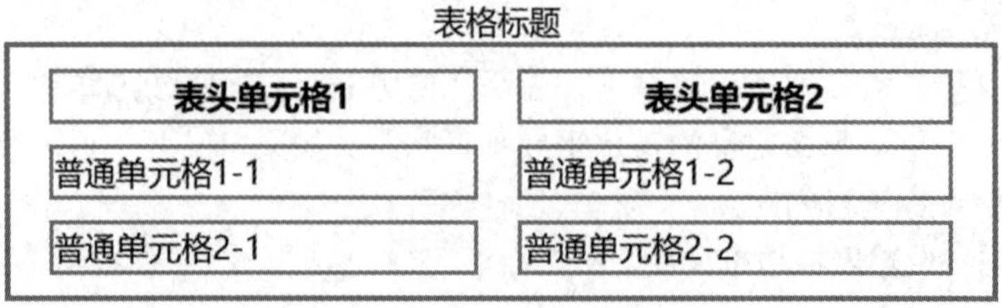

图 11-19　设置表格边框间距

本例中，表格 table 和单元格 td、th 都定义了边框样式 border，分别表示表格外边框和单元格边框，两者必须都定义才能显示所有表格边框线。border-spacing 属性定义了两个属性值，分别表示单元格水平间距和垂直间距。

2. 表格边框合并 border-collapse

在 CSS 中，border-collapse 属性用于设置表格的边框是否被合并为一个单一的边框，还是像在标准 HTML 中那样分开显示。

border-collapse 的语法格式如下：

border-collapse: 关键字 ;

说明：border-collapse 属性取值如表 11-17 所示。

表 11-17 border-collapse 属性取值

属性值	说　　明
separate	默认值。边框会被分开
collapse	如果可能，边框会合并为一个单一的边框，会忽略 border-spacing 属性

【例 11-25】 设置表格边框合并。

```
<!doctype html>
<html>
<head>
<meta charset="utf-8">
<title> 例 11-25</title>
<style type="text/css">
table{
     border:3px solid #EC5AD1;
     border-collapse: collapse;
}
th,td{
     border:2px solid #27B707;
     width: 200px;
     height: 50px;
}
</style>
</head>
<body>
  <table>
      <caption> 表格标题 </caption>
      <tr>
          <th> 表头单元格 1</th>
```

```
            <th> 表头单元格 2</th>
        </tr>
        <tr>
            <td> 普通单元格 1-1</td>
            <td> 普通单元格 1-2</td>
        </tr>
        <tr>
            <td> 普通单元格 2-1</td>
            <td> 普通单元格 2-2</td>
        </tr>
    </table>
</body>
</html>
```

上述代码在浏览器中的预览效果如图 11-20 所示。

表格标题	
表头单元格1	**表头单元格2**
普通单元格1-1	普通单元格1-2
普通单元格2-1	普通单元格2-2

表格标题	
表头单元格1	**表头单元格2**
普通单元格1-1	普通单元格1-2
普通单元格2-1	普通单元格2-2

图 11-20　设置表格边框合并　　　　　图 11-21　设置表格边框间距为 0

注意：边框合并和将边框间距设置为 0 的效果是不同的。如果我们将上例的 "border-collapse: collapse;" 替换为 "border-spacing: 0;"，效果如图 11-21 所示，可以观察到所有单元格的边框线都保留着，效果不如边框合并好。

11.4　列表样式

在前面介绍 HTML 列表的模块中，我们知道有序列表和无序列表的列表项符号都是使用列表元素的 type 属性来定义的，如数字 1、2、3、…、空心圆等。在 CSS 中，除了可以定义这些由 type 属性指定的列表项符号外，还可以自定义列表项符号。

11.4.1　列表项符号

在 CSS 中，不管是有序列表还是无序列表，都统一使用 list-style-type 属性来定义列表项符号。

list-style-type 的语法格式如下：

  list-style-type: 关键字 ;

说明：list-style-type 属性的常用取值如表 11-18 所示。

表 11-18　list-style-type 属性常用取值

属性值	说　　明
none	去除列表项符号
disc	默认值，实心圆
circle	空心圆
square	实心方块
decimal	数字（1、2、3…）
lower-roman	小写罗马数字（i、ii、iii、iv…）
upper-roman	大写罗马数字（Ⅰ、Ⅱ、Ⅲ、Ⅳ…）
lower-alpha	小写英文字母（a、b、c、d…）
upper-alpha	大写英文字母（A、B、C、D…）
decimal-leading-zero	0 开头的数字标记（01、02、03…）
lower-greek	小写希腊字母（α、β、γ…）

从表 11-18 中可以看到，由 HTML 列表元素的 type 属性所指定的列表项符号在 CSS 中都能找到对应的属性值，另外，CSS 中还增加了其他类型的列表项符号。表中最后两行列举出了部分常用的符号，其他不常用的列表项符号未列出。

【例 11-26】　设置列表项符号。

```
<!doctype html>
<html>
<head>
<meta charset="utf-8">
<title> 例 11-26</title>
<style type="text/css">
ol{ list-style-type: lower-roman; }
ul{ list-style-type: none; }
</style>
</head>
<body>
    <p> 有序列表 ( 列表符号设置为小写罗马数字 )</p>
    <ol>
        <li>HTML</li>
        <li>CSS</li>
        <li>JavaScript</li>
    </ol>
    <p> 无序列表 ( 列表符号设置为无 )</p>
    <ul>
```

```
            <li>HTML</li>
            <li>CSS</li>
            <li>JavaScript</li>
        </ul>
    </body>
    </html>
```

上述代码在浏览器中的预览效果如图 11-22 所示。

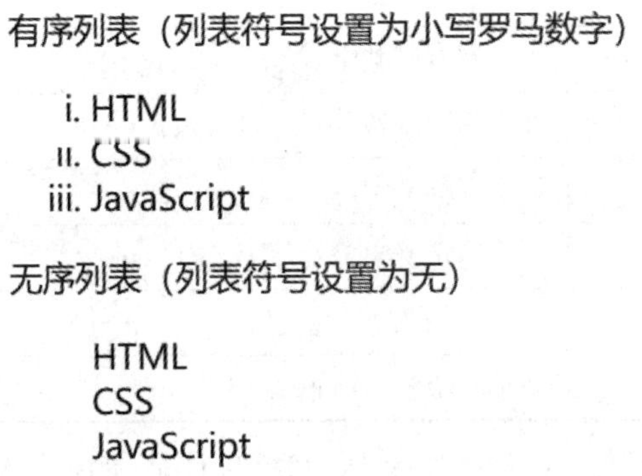

有序列表（列表符号设置为小写罗马数字）

    i. HTML
    ii. CSS
   iii. JavaScript

无序列表（列表符号设置为无）

HTML
CSS
JavaScript

图 11-22　设置列表项符号

11.4.2　自定义列表项符号

在 CSS 中，可以选择自己的图片作为列表项符号。允许自定义列表项符号的属性是 list-style-image。

list-style-image 的语法格式如下：

```
list-style-image: url(" 图像地址 ");
```

说明：图像地址即图像的存储位置，可以是相对地址，也可以是绝对地址。

【例 11-27】　设置自定义列表项符号。

```
<!doctype html>
<html>
<head>
<meta charset="utf-8">
<title> 例 11-27</title>
<style type="text/css">
ul{
        list-style-image: url("images/arrow.gif");
}
</style>
</head>
<body>
    <p> 自定义列表项符号 </p>
```

```
<ul>
    <li>HTML</li>
    <li>CSS</li>
    <li>JavaScript</li>
</ul>
</body>
</html>
```

上述代码在浏览器中的预览效果如图 11-23 所示。

自定义列表项符号

▶ HTML
▶ CSS
▶ JavaScript

图 11-23　设置自定义列表项符号

11.4.3　列表项符号位置

在 CSS 中，list-style-position 属性用于规定列表项目符号的位置。

list-style-position 的语法格式如下：

list-style-position: 关键字；

说明：list-style-position 属性取值如表 11-19 所示。

表 11-19　list-style-position 属性取值

属性值	说　　明
inside	列表项目符号放置在文本以内，且环绕文本根据项目符号对齐
outside	默认值。保持项目符号位于文本的左侧。列表项目符号放置在文本以外，且环绕文本不根据项目符号对齐

【例 11-28】　设置列表项符号位置。

```
<!doctype html>
<html>
<head>
<meta charset="utf-8">
<title> 例 11-28</title>
<style type="text/css">
    ol{ list-style-position: inside; }
    ul{ list-style-position: outside; }
</style>
</head>
```

```
<body>
    <ol>
        <li> 位置为 inside：列表项目符号放置在文本以内，且环绕文本根据项目符号对齐。</li>
    </ol>
    <ul>
        <li> 位置为 outside：默认值。保持项目符号位于文本的左侧。列表项目符号放置在文本
        以外，且环绕文本不根据项目符号对齐。</li>
    </ul>
</body>
</html>
```

上述代码在浏览器中的预览效果如图 11-24 所示。

1. 位置为inside：列表项目符号放置在文本以内，且环绕文本根据项目符号对齐。

• 位置为outside：默认值。保持项目符号位于文本的左侧。列表项目符号放置在文本以外，且环绕文本不根据项目符号对齐。

图 11-24　设置列表项符号位置

11.5 案例：使用CSS美化网页

【案例描述】

本案例制作一个图文并茂的网页，介绍北京冬奥会、冬残奥会吉祥物，并使用 CSS 样式对网页元素进行美化。案例源文件参考"模块 11 案例"。

【考核知识点】

CSS 文本样式、背景样式、边框样式、列表样式的设置。

【练习目标】

(1) 掌握字体及文本外观样式属性。

(2) 掌握背景颜色及背景图像的设置。

(3) 掌握边框样式的设置。

(4) 熟悉圆角边框样式属性。

(5) 熟悉列表样式的设置。

【案例源代码】

```
<!doctype html>
<html>
<head>
<meta charset="utf-8">
<title> 模块 11 案例 </title>
<style>
```

```
div{
        background-image: url("huihui.jpg");        /* 设置背景图像 */
        background-repeat: no-repeat;               /* 设置背景图像不平铺 */
        background-position:center;                 /* 设置背景图像位置 */
        background-size: 500px;                     /* 设置背景图像大小 */
}
h1{
        font-family: 隶书 ;                          /* 设置字体类型 */
        font-size: 24px;                            /* 设置字体大小 */
        text-align: center;                         /* 设置文本水平居中 */
        background-color: aqua;                     /* 设置背景颜色 */
}
h3>a{
        color: orangered;                           /* 设置超链接文本颜色 */
        text-shadow: 3px 3px 4px #3058B9;           /* 设置文本阴影 */
        text-decoration: none;                      /* 去掉超链接默认下划线 */
}
ul{ list-style-image: url("xuehua.png");            /* 设置列表项符号 */ }
p{ text-indent: 2em;                                /* 设置段落首行缩进 */ }
.pimg img{
        border: 2px dashed #07B3F5;                 /* 设置图像边框样式 */
        border-radius: 20px;                        /* 设置图像圆角边框 */
}
</style>
</head>
<body>
<div>
<h1> 北京冬奥会、冬残奥会吉祥物介绍 </h1>
<ul>
        <li><h3>
                <a href="https://baike.baidu.com/item/ 冰墩墩 " title=" 来自百度百科 "> 冰墩墩 </a>
        </h3></li>
</ul>
<p class="pimg"><img src="Bing _Dwen_Dwen.jpg" width="200" alt=" 冰墩墩 "/></p>
<p> 冰墩墩 (Bing Dwen Dwen)，是 2022 年北京冬季奥运会的吉祥物。将熊猫形象与富有超能量
的冰晶外壳相结合，头部外壳造型取自冰雪运动头盔，装饰彩色光环，整体形象酷似航天员。</p>
<p> 冰墩墩寓意创造非凡、探索未来，体现了追求卓越、引领时代，以及面向未来的无限可
能。</p>
<ul>
```

```
            <li><h3>
                <a href="https://baike.baidu.com/item/ 雪容融 " title=" 来自百度百科 "> 雪容融 </a>
            </h3></li>
        </ul>
        <p class="pimg"><img src="Shuey_Rhon_Rhon.jpg" width="200" alt=" 雪容融 "/></p>
        <p> 雪容融 (Shuey Rhon Rhon)，是 2022 年北京冬季残奥会的吉祥物，其以灯笼为原型进行设
计创作，主色调为红色，头顶有如意环与外围的剪纸图案，面部带有不规则形状的雪块，身体可以
向外散发光芒。</p>
        <p> 雪容融的整体造型渲染了 2022 年中国春节的节日气氛，吉祥物灯笼外形的发光属性寓意
点亮梦想、温暖世界，代表着友爱、勇气和坚强，体现了冬残奥运动员的拼搏精神和激励世界的冬
残奥会理念。</p>
        </div>
        </body>
        </html>
```

【运行结果】

源代码的运行结果如图 11-25 所示。

北京冬奥会、冬残奥会吉祥物介绍

❋ 冰墩墩

冰墩墩（Bing Dwen Dwen），是2022年北京冬季奥运会的吉祥物，将熊猫形象与富有超能量的冰晶外壳相结合，头部外壳造型取自冰雪运动头盔，装饰彩色光环，整体形象酷似航天员。

冰墩墩寓意创造非凡、探索未来，体现了追求卓越、引领时代，以及面向未来的无限可能。

❋ 雪容融

雪容融（Shuey Rhon Rhon），是2022年北京冬季残奥会的吉祥物，其以灯笼为原型进行设计创作，主色调为红色，头顶有如意环与外围的剪纸图案，面部带有不规则形状的雪块，身体可以向外散发光芒。

雪容融的整体造型渲染了2022年中国春节的节日气氛，吉祥物灯笼外形的发光属性寓意点亮梦想、温暖世界，代表着友爱、勇气和坚强，体现了冬残奥运动员的拼搏精神和激励世界的冬残奥会理念。

图 11-25　页面运行结果

【案例分析】

本案例页面元素包含标题文本、段落文本、列表项、图片等，所有页面内容都包含在 div 元素内。在 CSS 样式表中，首先使用选择器 "div" 设置 div 元素的背景图像、背景

图像位置等样式。接下来选择器"h1"为 h1 标题设置字体大小、对齐方式、背景颜色等样式。"冰墩墩"与"雪容融"小标题以列表的形式定义，并添加了超链接，所以文本的样式设置在超链接 a 元素上，使用选择器"h3>a"设置了超链接文本颜色、文本装饰等样式；列表项符号的样式设置在 ul 元素上，使用选择器"ul"为列表项设置自定义的图片项目符号。使用选择器"p"为段落 p 元素设置首行缩进样式。选择器".pimg img"为两张图设置了边框样式及圆角边框样式。在模块 12 中，将会讲解如何设置文本环绕图片，这样页面效果会更美观。

思考与练习题

一、选择题

1. 下列选项中不是字体样式属性的是 (　　)。

A. font-family　　　　　　　　　　B. font-size

C. border　　　　　　　　　　　　D. font-style

2. 要去除超链接的下划线，应设置 text-decoration 属性的值为 (　　)。

A. none　　　　　　　　　　　　　B. underline

C. line-through　　　　　　　　　　D. overline

3. 下列属性中可以设置段落首行缩进的是 (　　)。

A. text-align　　　　　　　　　　　B. text-indent

C. text-transform　　　　　　　　　D. letter-spacing

4. 设置背景图像不平铺，应设置 background-repeat 属性的值为 (　　)。

A. no-repeat　　　　　　　　　　　B. repeat-x

C. repeat-y　　　　　　　　　　　　D. none

5. 设置边框样式时必须指定的属性是 (　　)。

A. border-width　　　　　　　　　　B. border-style

C. border-color　　　　　　　　　　D. border-radius

6. 去除列表项符号应将 list-style-type 属性的值设置为 (　　)。

A. no-style　　　　　　　　　　　　B. disc

C. square　　　　　　　　　　　　D. none

二、填空题

1. CSS 中颜色值的指定方式有 ＿＿＿＿＿＿＿、＿＿＿＿＿＿＿、＿＿＿＿＿＿ 等。

2. 设置文本水平对齐方式的属性是 ＿＿＿＿＿＿＿＿。

3. 设置背景颜色的属性是 ＿＿＿＿＿＿＿＿。

4. border 属性是 ＿＿＿＿＿、＿＿＿＿＿、＿＿＿＿＿ 这 3 个属性的简洁写法。

5. 设置表格的边框合并为一个单一的边框使用的属性是 ＿＿＿＿＿＿＿＿。

三、判断题

1. font-weight 属性设置的是字体的粗细。　　　　　　　　　　　　(　　)

2. line-height 属性用来定义行高。　　　　　　　　　　　　　　　(　　)

3. 在 CSS 中，不可以设置背景图像的大小。 （　　）

4. 不管是有序列表还是无序列表，都统一使用 list-style-type 属性来定义列表项符号。

（　　）

5. 自定义列表项符号的属性是 list-image。 （　　）

四、操作题

1. 新建一个包含文本内容的网页，应用 CSS 字体样式属性实现对网页文本的样式控制。

2. 制作个人简介网页，要求图文并茂，并使用 CSS 设置页面的文字、图像、背景等样式。

CSS 实现页面布局

12.1 盒子模型

在 CSS 中，当谈论设计和布局时，会使用"Box Model(盒子模型)"这一术语。CSS 盒子模型实质上是一个包围每个 HTML 元素的框，它包括外边距 (间距)、边框、内边距 (填充) 以及内容区。所有的 HTML 元素都可以被视为盒子。

图 12-1 展示了 W3C 标准的盒子模型。

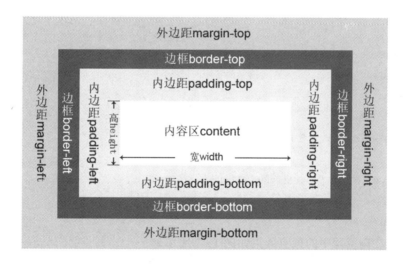

图 12-1　CSS 盒子模型

12.1.1　内容区

内容区 (content) 是盒子的中心部分，呈现了盒子的主要信息内容，这些内容可以是文本、图片、视频等多媒体。

内容区有 3 个相关属性：width、height 和 overflow。width 和 height 属性用于指定盒子内容区的宽度和高度，注意这里的宽与高不包含内边距 padding 部分。但是如果设置了盒子的 box-sizing 属性为"border-box"，此时的 width 与 height 值会包括内容区、内边距和边框。

overflow 溢出属性用来指定当内容区的信息超过内容区尺寸时的处理方法。

1. width 和 height 属性

width 和 height 属性默认情况下是指内容区的宽与高，它们的语法格式如下：

    width: 数值；

    height: 数值；

说明：数值的单位可以是任何 CSS 单位，常用单位为像素。只有块元素能设置 width 和 height 属性，行内元素无法设置 width 和 height 属性。

【例 12-1】 设置元素的宽与高。

```
<!doctype html>
<html>
<head>
<meta charset="utf-8">
<title> 例 12-1</title>
<style type="text/css">
#div1,span{
        width:400px;
        height: 150px;
        border: 2px dashed red;
}
</style>
</head>
<body>
<div id="div1">
文本内容：内容区呈现了盒子的主要信息内容，这些内容可以是文本、图片、视频等媒体类型。
</div>
<span> 行内元素无法设置 width 和 height。</span>
</body>
</html>
```

上述代码在浏览器中的预览效果如图 12-2 所示。

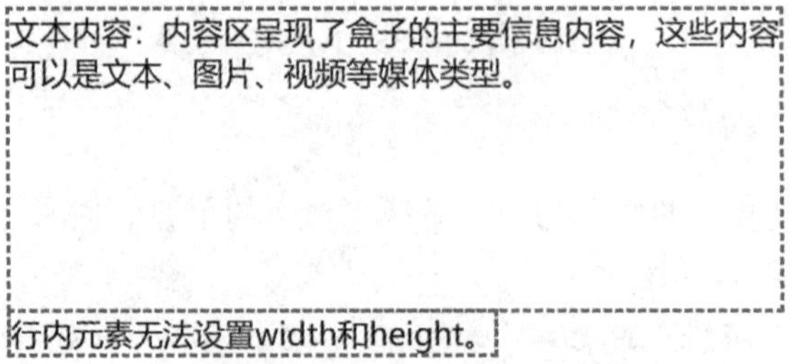

文本内容：内容区呈现了盒子的主要信息内容，这些内容可以是文本、图片、视频等媒体类型。

行内元素无法设置width和height。

图 12-2　设置元素的宽与高

从图 12-2 中可以看出，对行内元素 span 设置宽与高没有效果。如果想为行内元素设置宽和高，可以设置 display 属性："display: block;"，即将行内元素转换为块元素。

2. overflow 属性

在 CSS 中，可以使用 overflow 属性来控制元素内容溢出内容区时的显示方式，其语法格式如下：

overflow: 关键字；

说明：overflow 的属性取值如表 12-1 所示。

表 12-1　overflow 属性取值

属性值	说　　　明
visible	默认值。内容不会被修剪，会呈现在元素框之外
hidden	内容会被修剪，溢出内容不可见
scroll	内容会被修剪，但是浏览器会显示滚动条以便查看其余的内容
auto	如果内容被修剪，则浏览器会显示滚动条以便查看其余的内容

【例 12-2】　内容溢出处理。

```
<!doctype html>
<html>
<head>
<meta charset="utf-8">
<title> 例 12-2</title>
<style type="text/css">
#div1{
    width:150px;
    height:80px;
    border: 2px dashed red;
    overflow: auto;
}
</style>
</head>
<body>
<div id="div1">
文本内容：内容区呈现了盒子的主要信息内容，这些内容可以是文本、图片、视频等媒体类型。
</div>
</body>
</html>
```

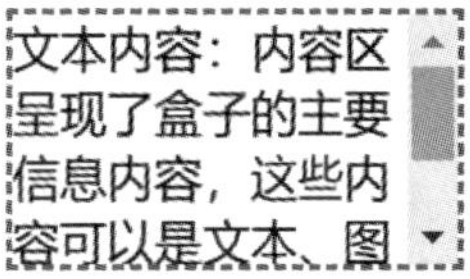

上述代码在浏览器中的预览效果如图 12-3 所示。

本例中，将 overflow 属性值设置为 "auto"，当盒子内容超出内容区时，盒子右侧会出现滚动条，以方便我们查看溢出的内容。

图 12-3　内容溢出处理

12.1.2　内边距

内边距 padding 又被称为"填充"，它是指内容区边界到边框之间的部分。padding 是内边距的简写属性。内边距有 4 个方向的属性：padding-top、padding-right、padding-bottom、padding-left，它们的语法格式如下：

padding-top: 数值；

padding-right: 数值；

padding-bottom: 数值；

padding-left: 数值；

padding: 数值；

说明：padding 的取值可以是 1 ~ 4 个，代表的含义如下：

(1) 1 个值 (如：padding:20px)，表示所有的填充都是 20px。

(2) 2 个值 (如：padding:20px 5px;)，表示上下填充为 20px，左右填充为 5px。

(3) 3 个值 (如：padding:5px 10px 7px;)，表示上填充为 5px，左右填充为 10px，下填充为 7px。

(4) 4 个值 (如：padding:2px 5px 7px 10px;)，表示上填充为 2px，右填充为 5px，下填充为 7px，左填充为 10px。按顺时针顺序从上到左。

【例 12-3】　设置内边距。

```
<!doctype html>
<html>
<head>
<meta charset="utf-8">
<title> 例 12-3</title>
<style type="text/css">
#div1 {
        width:260px;
        height:120px;
        border: 10px dotted yellow;
        padding: 10px 30px;
        background-color: cadetblue;
}
</style>
</head>
<body>
<div id="div1">
```

盒子宽 260px，高 120px；内边距上下 10px，左右 30px。此时盒子的实际宽度应为 260px 加左右内边距 60px 加左右边框 20px 等于 340px。实际高度采用同样的计算方法。

```
</div>
</body>
```

</html>

上述代码在浏览器中的预览效果如图 12-4 所示。

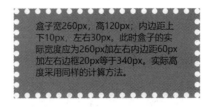

盒子宽260px，高120px；内边距上下10px，左右30px，此时盒子的实际宽度应为260px加左右内边距60px加左右边框20px等于340px。实际高度采用同样的计算方法。

图 12-4　设置内边距

12.1.3　外边距

外边距 margin 是指盒子边框以外的空间，是与其他盒子之间的距离。margin 是外边距的简写属性。外边距也有 4 个方向的属性：margin-top、margin-right、margin-bottom、margin-left，它们的语法格式如下：

　　margin-top: 数值；

　　margin-right: 数值；

　　margin-bottom: 数值；

　　margin-left: 数值；

　　margin: 数值；

说明：margin 的取值可以是负值。margin 和 padding 一样，取值可以是 1 ～ 4 个，代表的含义可以参考前面关于 padding 取值的说明，这里不再列出。

另外，margin 值还可以设置为 "auto"，例如 "margin: 0 auto;" 表示上下外边距为 0，左右外边距自动，此时，设置为这个样式的盒子将会在其父元素内部水平居中显示。

【例 12-4】　设置外边距。

　　<!doctype html>

　　<html>

　　<head>

　　<meta charset="utf-8">

　　<title> 例 12-4</title>

　　<style type="text/css">

　　div{

　　　　width:260px;

　　　　height:100px;

　　　　border: 5px solid #F1890F;

　　　　margin: 10px 30px;

　　　　background-color: cadetblue;

　　}

　　</style>

　　</head>

```
<body>
    <div> 盒子 1</div>
    <div> 盒子 2</div>
</body>
</html>
```

上述代码在浏览器中的预览效果如图 12-5 所示。

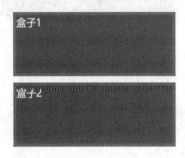

图 12-5　设置外边距

本例中，设置了盒子的外边距为：上下 10px，左右 30px。可以看出，"盒子 1"与"盒子 2"之间的间距并不是"盒子 1"的下边距加"盒子 2"的上边距，而是只有 10px，这是因为块级元素的垂直相邻外边距会合并。

12.2　HTML标准流

默认情况下，网页中的元素会按照定义的顺序从上到下、从左往右排列，这种排列方式就是 HTML 标准流。

HTML 元素按照定义的先后顺序显示在页面中，自上而下、自左而右排列。块状元素独占一行，相邻块状元素上下排列，相邻行内元素在一行中从左到右依次排列。

例如，下面这段 HTML 代码：

```
<body>
    <div>div 元素 1</div>
    <div>div 元素 2</div>
    <span>span 元素 1</span>
    <span>span 元素 2</span>
    <a>a 元素 </a>
    <ul>
        <li> 列表项 1</li>
        <li> 列表项 2</li>
    </ul>
    <p>p 元素 1</p>
    <p>p 元素 2</p>
</body>
```

在浏览器中的显示效果如图 12-6 所示，为了能看清楚它们的轮廓，为它们统一设置了边框样式。

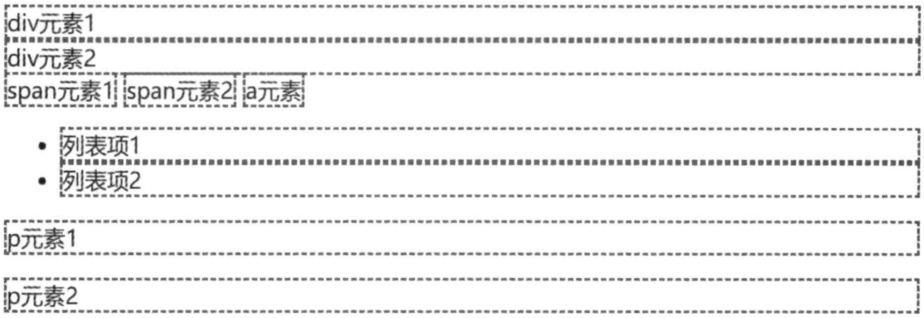

```
div元素1
div元素2
span元素1 span元素2 a元素
  • 列表项1
  • 列表项2

p元素1

p元素2
```

图 12-6　HTML 标准流

从图 12-6 中可以看出，这些元素按照定义的先后顺序显示在页面中，块状元素独占一行，行内元素在一行中从左往右排列。列表元素、p 元素在标准流中自带边距，这些都是在布局中需要考虑到的因素。

12.3　结构元素

HTML 标记语言提供了丰富的标签，用于组织页面结构，由这些标签定义的页面元素就是结构元素。为了使页面结构的组织更加轻松、合理，HTML 元素被定义成了不同的类型，一般分为块元素和行内元素。

1. 块元素

块元素通常都会独自占据一整行或多行，可以对其设置宽度、高度、对齐等属性，常用于网页布局和网页结构的搭建。常见的块元素有 h1 ～ h6、p、div、ul、li、form、table 等，其中 div 是最典型的块元素，也是常用的页面布局元素。

2. 行内元素

行内元素也称内联元素，不占有独立的一行区域。一个行内元素通常会和它前后的其他行内元素显示在同一行中，它们仅靠自身的字体大小和图像尺寸来决定自身的宽高，一般不可以设置宽度、高度、对齐等属性，常用于控制页面中文本的样式。常见的行内元素有 span、strong、em、a、img、input 等，其中 span 是最典型的行内元素。

12.3.1　元素类型的转换

如果希望行内元素具有块元素的某些特性，例如可以设置宽高，或者需要块元素具有行内元素的某些特性，例如不独占一行排列，可以使用 display 属性对元素的类型进行转换。

display 属性常用的属性值及含义如下：

(1) inline：元素将显示为行内元素；

(2) block：元素将显示为块元素；

(3) inline-block：元素将显示为行内块元素，可以对其设置宽高和对齐等属性，但是该元素不会独占一行；

(4) none：元素将被隐藏，不显示，也不占用页面空间，相当于该元素不存在。

12.3.2 HTML5 新增结构元素

HTML5 中新增了一些语义和结构元素，以帮助我们创建更好的页面结构。本节将介绍 HTML5 中常用的结构元素，包括 header 元素、nav 元素、article 元素、aside 元素、section 元素、footer 元素等。

1. header 元素

header 元素通常定义在页面头部，一般包含网站的标题、Logo 图片、banner 图片等内容。例如：

```
<header>
    <h1> 网站标题 </h1>
    …
</header>
```

注意：header 元素是结构元素，不是头部元素 head。一个 HTML 网页中可以包含多个 header 元素。

2. nav 元素

nav 元素一般用于将具有导航性质的链接归纳在一个区域中，可使页面的语义更加明确。例如：

```
<nav>
    <ul>
        <li><a href="#"> 首页 </a></li>
        <li><a href="#"> 学院简介 </a></li>
        <li><a href="#"> 学院新闻 </a></li>
        <li><a href="#"> 联系我们 </a></li>
    </ul>
</nav>
```

通常一个 HTML 页面中可以包含多个 nav 元素，作为主导航或侧边栏导航区域的定义。

3. article 元素

article 元素代表一个独立的、完整的内容块，经常用于定义论坛帖子、博客文章、新闻、评论等。例如：

```
<article>
    <h1> 标题 </h1>
    <p> 内容。</p>
</article>
```

article 元素定义的内容本身必须是有意义的且独立于文档的其余部分。一个 HTML 页面中可以包含多个 article 元素。

4. aside 元素

aside 元素一般用于定义页面的侧边栏、广告区域、友情链接等页面主要内容的附属信息。例如：

```
<article>
    <header>
    文章标题部分
    </header>
    <aside>
    其他相关文章信息
    </aside>
</article>
<aside>
    侧边栏
</aside>
```

上例中定义了两个 aside 元素，其中第一个 aside 元素位于 article 元素中，用于添加其他相关文章信息；第二个 aside 元素用于定义页面的侧边栏区域。

5. section 元素

section 元素一般用于定义文章的某个区域，如章节、页眉、页脚或者文章的其他区域。例如：

```
<article>
    <header>
        <h2> 第一章 </h2>
    </header>
    <section>
        <header>
            <h3> 第 1.1 节 </h3>
        </header>
    </section>
    <section>
        <header>
            <h3> 第 1.2 节 </h3>
        </header>
    </section>
</article>
```

上例中，在 article 元素内部使用 section 对文章区块进行划分。

从使用逻辑上来讲，section 元素强调的是分块或分段，如报刊杂志中的时事版块、体育版块等可以用 section 包起来；article 元素强调的是独立性，如一篇文章、一则报道等就应该使用 article 来定义。如果一篇文章太长，分好多小节，这时又可以用 section 把小节包起来，如同上例所示。

6. footer 元素

footer 元素一般用于定义一个页面或区域的底部。例如：

```
<article>
        文章主体内容
        <footer>
                底部功能链接
        </footer>
</article>
<footer>
        页面底部 ( 版权、联系地址等信息 )
</footer>
```

上例中，使用了两对 footer 元素，其中第一对 footer 元素应用于 article 元素内部，用于定义文章区域底部信息；第二对 footer 元素用于定义页面底部的区域，一般包含版权信息、网站的联系方式等。

12.4 浮动布局

默认情况下，网页中的元素以标准流的方式排列，但这样的排版方式会使网页显得单调、呆板。CSS 中提供了多种布局方式，可以实现页面元素的布局，如浮动布局、定位布局、弹性布局等。其中，浮动布局是比较简单、灵活的一种布局方式。

12.4.1 浮动 float

在 CSS 中，float 属性会使元素脱离标准流，向左或向右排列，其周围的元素也会重新排列。float 属性一般用于图像的排版，但它在布局时一样非常有用。

float 的语法格式如下：

float: 关键字 ;

说明：float 属性的取值如表 12-2 所示。

表 12-2　float 属性取值

属性值	说　明
left	元素向左浮动
right	元素向右浮动
none	默认值。元素不浮动，以标准流方式显示

【例 12-5】 设置图像浮动。

```
<!doctype html>
<html>
```

```
<head>
<meta charset="utf-8">
<title> 例 12-5</title>
<style type="text/css">
        img{  float: right;  }
</style>
</head>
<body>
<h1> 图像浮动 </h1>
<p> 在本例中，图像会在段落中向右浮动，而段落中的文本会包围这幅图像。</p>
<p><img src= "images/huihui.jpg" width="150px">
```

第 24 届冬季奥林匹克运动会 (XXIV Olympic Winter Games)，即 2022 年北京冬季奥运会，是由中国举办的国际性奥林匹克赛事，于 2022 年 2 月 4 日开幕，2 月 20 日闭幕。2022 年北京冬季奥运会共设 7 个大项，15 个分项，109 个小项。北京赛区承办所有的冰上项目，延庆赛区承办雪车、雪橇及高山滑雪项目，张家口赛区承办除雪车、雪橇及高山滑雪之外的所有雪上项目。</p>

```
</body>
</html>
```

上述代码在浏览器中的预览效果如图 12-7 所示。

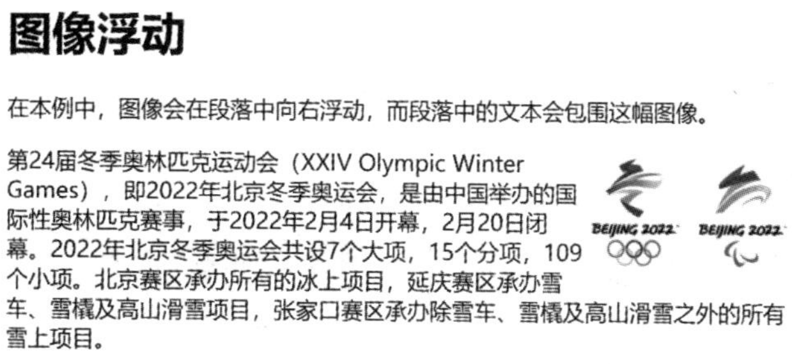

图 12-7　设置图像浮动

对图像设置浮动后，文字环绕在图像周围，这种效果类似于 Word 文档中的"四周型"文本环绕，只不过浮动的环绕位置仅限于左和右。

【例 12-6】 浮动在布局中的应用。

```
<!doctype html>
<html>
<head>
<meta charset="utf-8">
<title> 例 12-6</title>
<style type="text/css">
    header,section,aside,article,footer{
        border: 2px solid #109EE6;
        margin: 2px;
```

```
                }
            aside{
                    float: right;
                }
            article{
                    float: left;
                }
            div{ background-color: burlywood; }
    </style>
    </head>
    <body>
    <header> 页头 header</header>
    <section>
        <aside> 侧边栏 aside</aside>
        <article> 正文内容 article</article>
        <div>div 其他内容 <br/> 其他内容 </div>
    </section>
    <footer> 页脚 footer</footer>
    </body>
    </html>
```

设置 float 布局前后的效果分别如图 12-8 和图 12-9 所示。

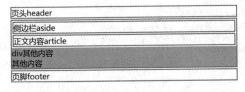

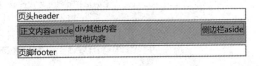

图 12-8 float 布局前   图 12-9 float 布局后

本例中，为了清晰地显示各元素的轮廓，为它们设置了边框和外边距。在 float 布局前，各个元素从上到下依次排列。设置 float 布局后，aside 和 article 这两个元素分别居于页面的左右两侧，并且对它们后面的 div 元素位置产生了影响，从 div 元素的背景覆盖区域可以看出，它的位置上移了，aside 和 article 就像漂浮在其上方一样。如果不希望 div 位置上移，应该怎么处理呢？下一节将讲解如何清除浮动影响。

12.4.2　清除浮动 clear

在 CSS 中，clear 属性一般是在定义了浮动元素之后设置的，用于指定元素的左侧或右侧不允许有浮动的元素。

clear 的语法格式如下：

    clear: 关键字 ;

说明：clear 属性的取值如表 12-3 所示。

表 12-3　clear 属性取值

属性值	说　　明
left	在左侧不允许浮动元素
right	在右侧不允许浮动元素
both	在左右两侧均不允许浮动元素
none	默认值。允许浮动元素出现在两侧

修改例 12-6 的 CSS 代码，为选择器 div 添加 clear 样式，代码如下：

```
div{
        background-color: burlywood;
        clear:both;
    }
```

则在浏览器中的预览效果如图 12-10 所示。

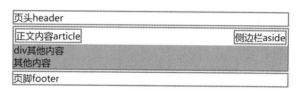

图 12-10　清除浮动

为 div 元素设置清除浮动 clear 后，其位置处于 aside 和 article 下方，其内的文本也不再环绕在浮动元素周围。

还有一种情况，当一个父元素内的所有子元素都浮动时，父元素的高度会受到影响，这时候如果要清除子元素的浮动对父元素的影响，可以使用 overflow 属性。

【例 12-7】　使用 overflow 属性清除浮动。

```
<!doctype html>
<html>
<head>
<meta charset="utf-8">
<title> 例 12-7</title>
<style type="text/css">
    header,section,aside,article,footer{
        border: 2px solid #109EE6;
        margin: 2px;
    }
    aside{float: right; }
    article{float: left; }
    section{
        background-color: orchid;
```

```
            overflow: hidden;
        }
    </style>
    </head>
    <body>
        <header> 页头 header</header>
        <section>
            <aside> 侧边栏 aside</aside>
            <article> 正文内容 article</article>
        </section>
        <footer> 页脚 footer</footer>
    </body>
    </html>
```

本例中，元素 section 内仅有的两个子元素 aside 和 article 都设置为浮动，这就导致 section 的高度显示为 0。为避免这种情况，为 section 设置了 overflow 属性，这样 section 的高度显示就正常了。

12.5 定 位 布 局

浮动布局虽然灵活，但无法对元素的位置进行精准的控制。在 CSS 中，通过定位属性可以实现网页元素的精准定位。CSS 中的定位属性有 top、bottom、left、right、position、z-index 等。

12.5.1 边偏移属性

在 CSS 中，边偏移通过 top、right、bottom、left 这 4 个属性进行设置。它们的语法格式如下：

```
    top: 数值;
    right: 数值;
    bottom: 数值;
    left: 数值;
```

说明：边偏移属性的取值为不同单位的数值或百分比，可以是负值。各属性的含义如表 12-4 所示。

表 12-4　边偏移属性

属　性	说　　明
top	顶部偏移量。定义了元素的上边界与其父元素上边界之间的距离
right	右侧偏移量。定义了元素的右边界与其父元素右边界之间的距离
bottom	底部偏移量。定义了元素的下边界与其父元素下边界之间的距离
left	左侧偏移量。定义了元素的左边界与其父元素左边界之间的距离

这 4 个边偏移属性不需要同时设置，一般水平和垂直方向各定义一个偏移量即可。例如："left: 50px; top: 10px;"。如果 left 和 right 同时设置，以 left 为准，top 和 bottom 同时设置，以 top 为准。

需要注意的是，边偏移属性单独使用是没有效果的，需要同时设置 position 属性，根据不同的 position 值，它们的工作方式也不同。

12.5.2 定位方式属性

在 CSS 中，position 属性用于定义元素的定位方式。其语法格式如下：

position: 关键字；

说明：position 属性的取值如表 12-5 所示。

表 12-5 position 属性取值

属性值	说　　明
static	静态定位，默认值。没有定位，元素出现在正常的流中
relative	相对定位。元素相对于其正常位置进行定位
fixed	固定定位。元素相对于浏览器窗口进行定位
absolute	绝对定位。元素相对于最近的定位祖先元素进行定位
sticky	粘性定位。元素根据用户的滚动位置进行定位

position 属性仅仅用于定义元素以哪种方式定位，并不能确定元素的具体位置，需要结合边偏移属性 top、right、bottom、left 等来精确定位元素的位置。

1. 静态定位 static

当元素没有设置 position 属性时，并不说明该元素没有定位，它会遵循默认值显示为静态定位 (static)，始终根据页面的正常流进行定位。在静态定位状态下，无法通过边偏移属性 (top、right、bottom、left) 来改变元素的位置。

2. 相对定位 relative

当 position 属性的取值为 relative 时，可以将元素定位于相对位置，其位置是相对于它的原始位置计算而来的。对元素设置相对定位后，可通过边偏移属性改变元素的位置。

【例 12-8】 相对定位。

```
<!doctype html>
<html>
<head>
<meta charset="utf-8">
<title> 例 12-8</title>
<style type="text/css">
    header,section,aside,article,footer{
        border: 2px solid #109EE6;
        margin: 2px;
    }
```

```
        section{
                background-color: orchid;
                position: relative;    /* 相对定位 */
                top: 5px;
                left: 5px;
        }
    </style>
    </head>
    <body>
      <header> 页头 header</header>
      <section>
            <aside> 侧边栏 aside</aside>
            <article> 正文内容 article</article>
      </section>
      <footer> 页脚 footer</footer>
    </body>
    </html>
```

上述代码在浏览器中的预览效果如图 12-11 所示。

图 12-11　相对定位

从图 12-10 中可以看出，section 元素相对于它原来的位置向右下偏移了，与顶部和左侧的距离各为 5px。

3. 固定定位 fixed

固定定位以浏览器窗口作为参照物来定位网页元素。设置了固定定位的元素将脱离标准流的控制，始终依据浏览器窗口来定义自己的显示位置。不管浏览器滚动条如何滚动，也不管浏览器窗口的大小如何变化，该元素都会始终显示在浏览器窗口的固定位置。

【例 12-9】　固定定位。

```
    <!doctype html>
    <html>
    <head>
    <meta charset="utf-8">
    <title> 例 12-9</title>
    <style type="text/css">
      header,section,aside,article,footer{
            border: 2px solid #109EE6;
            margin: 2px;
      }
```

```
footer{
        position: fixed;
        bottom: 0px;
        width: 50%;
    }
</style>
</head>
<body>
   <header> 页头 header</header>
   <section>
        <aside> 侧边栏 aside</aside>
        <article> 正文内容 article</article>
   </section>
   <footer> 页脚 footer</footer>
</body>
</html>
```

上述代码在浏览器中的预览效果如图 12-12 所示。

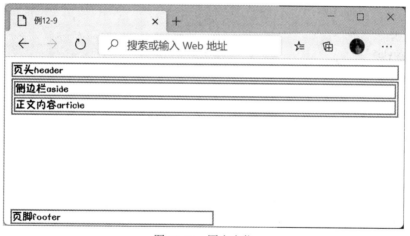

图 12-12　固定定位

本例中，为 footer 元素设置了边偏移"bottom: 0px;"，页脚 footer 元素距浏览器底端 0px，可见 fixed 模式下，元素是依据浏览器窗口进行定位的。

4. 绝对定位 absolute

绝对定位是将元素依据最近的已经定位(相对、固定或绝对定位)的父元素进行定位，如果所有父元素都没有定位，则依据浏览器窗口进行定位。绝对定位是使用最广泛的定位方式，这种方法能够很精准地把元素定位到页面中任何你想要的位置。

设置了绝对定位的元素完全脱离了标准流的控制，其前后元素会认为该元素不存在，这个元素浮于其他元素之上，互不干扰，就如同处于不同的平面。

【例 12-10】　绝对定位。

```
<!doctype html>
<html>
<head>
<meta charset="utf-8">
<title> 例 12-10</title>
<style type="text/css">
   header,section,aside,article,footer{
        border: 2px solid #109EE6;
        margin: 2px;
   }
   section{
        height: 100px;
        position: relative;
   }
   aside{
        position: absolute; /* 绝对定位 */
        bottom: 0px;
        width: 50%;
   }
</style>
</head>
<body>
   <header> 页头 header</header>
   <section>
        <aside> 侧边栏 aside</aside>
        <article> 正文内容 article</article>
   </section>
   <footer> 页脚 footer</footer>
</body>
</html>
```

上述代码在浏览器中的预览效果如图 12-13 所示。

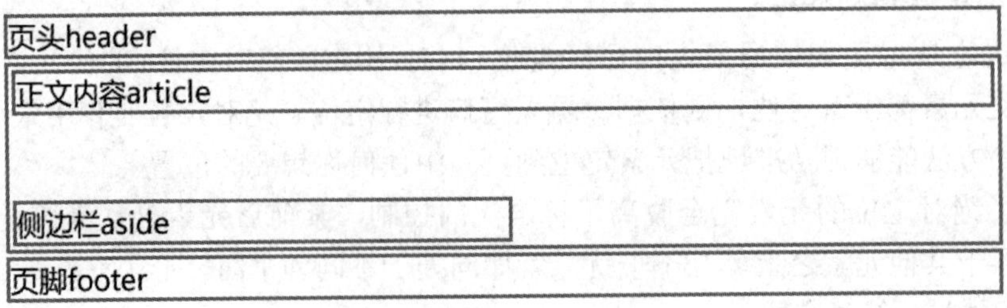

```
页头header
正文内容article



侧边栏aside
页脚footer
```

图 12-13   绝对定位

　　本例中，为 aside 元素设置了绝对定位，并且设置边偏移"bottom: 0px;"，侧边栏 aside 元素距其父元素 section 底端 0px，定义在其后的 article 元素替代了 aside 原来的位置。aside 元素之所以依据其父元素 section 进行定位，是因为父元素已经定位"position: relative"。读者可以尝试修改父元素的定位方式，查看会有什么不同的结果。

5. 粘性定位 sticky

　　粘性定位是基于用户的滚动位置来定位的。定义了粘性定位的元素，它的行为就像相对定位；而当页面滚动超出目标区域时，它的表现就像固定定位，它会固定在目标位置。

　　【例 12-11】　粘性定位。

```
<!doctype html>
<html>
<head>
<meta charset="utf-8">
<title> 例 12-11</title>
<style type="text/css">
    header,section,aside,article,footer{
        border: 2px solid #109EE6;
        margin: 2px;
    }
    header{
        background-color: #71F7F7;
        position: sticky;
        top: 0px;
    }
</style>
</head>
<body>
    <header> 页头 header</header>
    <section>
        <aside> 侧边栏 aside</aside>
        <article> 正文内容 article<br> 滚 <br> 动 <br> 页 <br> 面 <br> 查 <br> 看 <br> 效 <br>
果 </article>
    </section>
    <footer> 页脚 footer</footer>
</body>
</html>
```

上述代码在浏览器中的预览效果如图 12-14 所示。

图 12-14　粘性定位

本例中，为页头 header 元素设置了粘性定位"position: sticky"，并且设置了边偏移"top: 0px;"，距离顶部为 0 像素。当浏览器滚动条滚动时，页头区块始终显示在窗口的顶部。

12.5.3　层叠属性

当对多个元素同时设置定位时，定位元素之间有可能会发生重叠，如图 12-15 所示。

图 12-15　元素重叠

默认情况下，后定义元素的堆叠顺序在先定义元素的前方，若要改变它们的堆叠顺序，可以通过 z-index 属性来实现。

z-index 的语法格式如下：

　　　z-index: 数值 ;

说明：z-index 取值可以为正整数、负整数和 0，数值越大堆叠顺序越靠前。

注意：z-index 属性仅对定位元素生效。

12.6　弹性盒布局

弹性盒 (Flex Box) 布局是 CSS3 规范中提出的一种新的布局方式。引入弹性盒布局的目的是提供一种更加有效的方式来对一个容器中的条目进行布局、对齐和分配空间。这种布局模式已被主流浏览器所支持，可以在 Web 应用开发中使用。

设置了弹性属性的元素，称为弹性容器 (Flex container)，它里面的所有子元素为容器成员，称为弹性项目 (Flex item) 或弹性子元素。

1. 弹性容器的属性

要设置元素为弹性容器，通过"display: flex"属性，可以选择设置 flex-direction、

flex-wrap、flex-flow、justify-content、align-items、align-content 属性。各属性的含义如表 12-6 所示。

表 12-6　弹性容器属性

属　　性	说　　明
flex-direction	设置弹性容器主轴的方向。默认主轴为水平方向，并且从左到右排列
flex-wrap	设置弹性容器是单行还是多行，默认单行不换行
flex-flow	是 flex-direction 和 flex-wrap 的复合简写形式
justify-content	弹性容器内的子元素在主轴 (横轴) 方向上的对齐方式。默认是沿着主轴开始的方向进行对齐
align-items	弹性容器内的子元素在侧轴 (纵轴) 上的对齐方式。默认是拉伸弹性子元素以填充容器
align-content	定义了多根轴线对齐方式，如果项目只有一根轴线，则不起作用

弹性容器默认的排列主轴为 x 轴，方向从左往右，侧轴为 y 轴，方向从上向下。弹性子元素通常在弹性容器内一行显示，默认情况每个容器只有一行。

【例 12-12】　设置弹性容器。

```
<!doctype html>
<html>
<head>
<meta charset="utf-8">
<title> 例 12-12</title>
<style type="text/css">
    #myflex{
        display: flex;
        border: 1px solid #F26500;
    }
    #myflex div{
        background-color: cornflowerblue;
        margin: 2%;
    }</style>
</head>
<body>
    <div id="myflex">
        <div>A</div>
        <div>B</div>
        <div>C</div>
        <div>D</div>
    </div>
</body>
```

</html>

上述代码在浏览器中的预览效果如图 12-16 所示。

A B C D

图 12-16　弹性容器

本例中，通过"display: flex"属性将父 div 元素设置为弹性容器，其内的 4 个子 div 元素显示为从左至右横向排列。因为没有为子元素分配空间，也未设置宽度，所以子元素的宽度显示为其内部文本的宽度。

2. 弹性子元素的属性

弹性子元素的属性及说明如表 12-7 所示。

表 12-7　弹性子元素属性

属　性	说　　明
order	规定弹性子元素的顺序。值必须是数字，默认值是 0，可以是负值，数值越小越靠前
flex-grow	用来定义子元素的拉伸因子，当容器有多余的空间时，浏览器把所有子元素的 flex-grow 属性值相加，再根据各自在总值中所占的份额分配容器的多余空间。默认值为 0 表示不增长，支持整数或小数，不允许负值
flex-shrink	用来定义子元素的收缩因子，当容器空间不足时，浏览器把所有子元素的 flex-shrink 属性值相加，再根据各自在总值中所占的份额进行收缩。默认值为 1，不允许负值，0 表示不收缩
flex-basis	用来定义弹性子元素的初始长度
flex	是 flex-grow、flex-shrink、flex-basis 这 3 个属性的复合属性，用来定义子元素如何分配父元素的空白空间
align-self	规定所选弹性子元素的对齐方式，将覆盖弹性容器的 align-items 属性所设置的默认对齐方式

【例 12-13】　弹性盒布局。

```
<!doctype html>
<html>
<head>
<meta charset="utf-8">
<title>例 12-13</title>
<style type="text/css">
    header,section,aside,article,footer{
        border: 2px solid #109EE6;
        margin: 2px;
    }
    section{
        display: flex;
```

```
        height: 300px;
        align-items: stretch; /* 设置弹性项目的垂直对齐方式为拉伸弹性项目以填充容器 */
    }
    aside{
        flex: 0 0 200px; /* 侧边栏不可增长 (0)，不可收缩 (0)，且初始长度为 200 像素 */
        order:2; /* 设置排序 */
        background-color: cornflowerblue;
    }
    article{
        flex-grow: 1; /* 拉伸因子为 1，将获得容器的剩余空间 */
        order:1;
    }
</style>
</head>
<body>
    <header> 页头 header</header>
    <section>
        <aside> 侧边栏 aside</aside>
        <article> 正文内容 article</article>
    </section>
    <footer> 页脚 footer</footer>
</body>
</html>
```

上述代码在浏览器中的预览效果如图 12-17 所示。

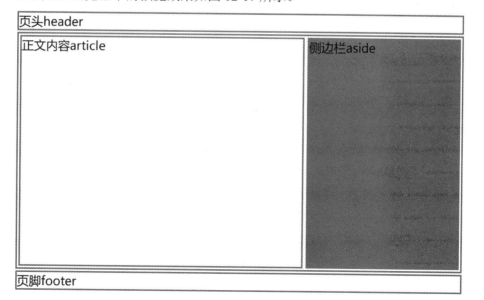

图 12-17　弹性盒布局

本例中，设置了 section 元素为弹性容器，其内部的 aside 和 article 两个元素自动成为弹性项目。通过 "align-items: stretch;" 设置弹性项目的垂直对齐方式为拉伸弹性项目以填充容器，所以 aside 和 article 两个元素的高度拉伸至它们父元素 section 的高度。子元素 aside 设置了 "flex: 0 0 200px;"，表示不可增长、不可收缩，且初始长度为 200 像素，通过缩放浏览器，我们发现侧边栏 aside 的宽度始终都为 200 像素。aside 的 order 属性为 2，大于 article 元素的 order 属性，所以按从左到右的顺序排列，侧边栏 aside 显示在右侧。最后，设置 article 的拉伸因子 flex-grow 为 1，表示 article 元素将获得弹性容器的剩余空间，因为 aside 的 flex-grow 为 0，表示不增长，而弹性容器 section 中没有其他子元素，所以只要 article 的拉伸因子 flex-grow 不为 0，就可以获得容器剩余的所有空间。

12.7 案例：综合应用布局方式

【案例描述】

本案例综合应用 CSS 布局方式实现诗词欣赏网站首页面的布局。案例源文件参考 "模块 12 案例"。

【考核知识点】

CSS 页面样式、CSS 页面布局。

【练习目标】

(1) 掌握 CSS 页面样式设置。

(2) 掌握 CSS 页面布局。

【案例源代码】

(1) html 结构代码如下：

```
<div id="container">

    <header>

        <div id="banner"><h1> 诗词欣赏 </h1></div>

        <nav>

            <ul>

                <li><a href="#"> 推荐 </a></li>

                <li><a href="#"> 诗经 </a></li>

                <li><a href="#"> 唐诗 </a></li>

                <li><a href="#"> 宋词 </a></li>

                <li><a href="#"> 元曲 </a></li>

                <li><a href="#"> 现代诗 </a></li>

            </ul>

        </nav>
```

```
        <div class="search">
            <form>
                    <input type="text" placeholder=" 输入搜索内容 " name="keywords"/>
                    <button type="submit">
                        <img src="images/search.jpg" width="30px" height="30px" />
                    </button>
            </form>
        </div>
</header>
<aside>
    <div id="tag">
        <h3> 分类标签 </h3>
        <table class="label" cellspacing="20px">
                <tr>
                    <td> 写景 </td>
                    <td> 咏物 </td>
                    <td> 地名 </td>
                </tr>
                <tr>
                    <td> 春天 </td>
                    <td> 夏天 </td>
                    <td> 秋天 </td>
                </tr>
                <tr>
                    <td> 冬天 </td>
                    <td> 写花 </td>
                    <td> 写风 </td>
                </tr>
                <tr>
                    <td> 写雪 </td>
                    <td> 写月 </td>
                    <td> 写山 </td>
                </tr>
                <tr>
                    <td> 写水 </td>
                    <td> 田园 </td>
                    <td> 边塞 </td>
                </tr>
```

```
                    <tr>
                        <td> 节日 </td>
                        <td> 动物 </td>
                        <td> 更多 &gt;&gt;</td>
                    </tr>
                </table>
            </div>
            <div class="ad">
                <p> 广告位 </p>
                <img src="images/ad2.jpg" width="150px"/>
            </div>
        </aside>
        <article>
            <div class="tj">
                <h3> 春江花月夜 </h3>
                <p class="poet"> 张若虚【唐】</p>
                <p class="poem"> 春江潮水连海平，海上明月共潮生。滟滟随波千万里，何处
春江无月明！江流宛转绕芳甸，月照花林皆似霰。空里流霜不觉飞，汀上白沙看不见。江天一色无
纤尘，皎皎空中孤月轮。江畔何人初见月？江月何年初照人？人生代代无穷已，江月年年望相似。
不知江月待何人，但见长江送流水。白云一片去悠悠，青枫浦上不胜愁。谁家今夜扁舟子？何处相
思明月楼？可怜楼上月裴回，应照离人妆镜台。玉户帘中卷不去，捣衣砧上拂还来。此时相望不相
闻，愿逐月华流照君。鸿雁长飞光不度，鱼龙潜跃水成文。昨夜闲潭梦落花，可怜春半不还家。江
水流春去欲尽，江潭落月复西斜。斜月沉沉藏海雾，碣石潇湘无限路。不知乘月几人归，落月摇情
满江树。</p>
                    <hr/>
                    <div class="op">
                        <span> 注释 </span>
                        <span> 赏析 </span>
                        <span> 朗读 </span>
                        <span> 复制 </span>
                    </div>
            </div>
            <div class="tj">
                <h3> 题都城南庄 </h3>
                <p class="poet"> 崔护【唐】</p>
                <p class="poem"> 去年今日此门中，人面桃花相映红。<br/> 人面不知何处去，
桃花依旧笑春风。</p>
                    <hr/>
```

```
        <div class="op">
            <span> 注释 </span>
            <span> 赏析 </span>
            <span> 朗读 </span>
            <span> 复制 </span>
        </div>
    </div>
    <div class="tj">
        <h3> 如梦令·昨夜雨疏风骤 </h3>
        <p class="poet"> 李清照【宋】</p>
        <p class="poem"> 昨夜雨疏风骤，浓睡不消残酒。<br> 试问卷帘人，却道海
棠依旧。<br> 知否，知否？<br> 应是绿肥红瘦。</p>
        <hr/>
        <div class="op">
            <span> 注释 </span>
            <span> 赏析 </span>
            <span> 朗读 </span>
            <span> 复制 </span>
        </div>
    </div>
    <div class="tj">
        <h3> 定风波·莫听穿林打叶声 </h3>
        <p class="poet"> 苏轼【宋】</p>
        <p class="poem"> 莫听穿林打叶声，何妨吟啸且徐行。竹杖芒鞋轻胜马，谁
怕？一蓑烟雨任平生。<br> 料峭春风吹酒醒，微冷，山头斜照却相迎。回首向来萧瑟处，归去，也
无风雨也无晴。</p>
        <hr/>
        <div class="op">
            <span> 注释 </span>
            <span> 赏析 </span>
            <span> 朗读 </span>
            <span> 复制 </span>
        </div>
    </div>
</article>
<footer>
    &copy;2022 诗词欣赏网 | 诗文 | 名句 | 作者 | 纠错
</footer>
```

```
    </div>
```

(2) css 样式代码如下：

```
*{
        margin: 0;              /* 清除所有标签初始的外边距 */
        padding: 0;             /* 清除所有标签初始的内边距 */
        font-size: 14px;        /* 设置页面中所有元素的字体大小 */
}
ul{
        list-style: none;       /* 清除列表符号 */
}
#container{
        margin: 0 auto;         /* 最外围的包裹容器居于页面中部 */
        width: 960px;           /* 设置包裹容器宽度 */
        border: 2px solid #421C02;     /* 设置包裹容器边框 */
        border-bottom-width: 10px;
        border-radius: 20px 20px 0 0;  /* 设置包裹容器边框上两角为圆角 */
}
#banner{
        background-image: url("images/banner.jpg");     /* 设置 banner 背景图 */
        height: 300px;                /* 设置 banner 区域高度 */
        border-radius: 20px 20px 0 0; /* 设置 banner 区域边框上两角为圆角 */
}
#banner h1{
        display: none;          /* 标题 1 不显示 */
}
nav{                            /* 设置导航模块样式 */
        background-color: #824402;
        height: 45px;
}
nav li{
        display: inline-block;  /* 设置为内联块状，使列表项目不再独占一行，而是横向排列 */
        width: 150px;
}
nav a{ /* 设置导航超链接样式 */
        display: block;  /* 设置为块状显示后，只要鼠标进入超链接容器范围即可点击链接 */
        text-decoration: none; /* 去除超链接默认的下划线 */
        font-size: 20px;
        color: white;
```

```
            text-align: center;

            font-family: ' 黑体 ';

            line-height: 45px;    /* 设置行高等于 nav 容器高度，可以使文字垂直居中显示 */

    }

    nav a:hover{

            color: #EEDB96; /* 鼠标经过超链接时改变文字颜色 */

    }

    header{

            position: relative; /* header 设置为相对定位，使其设置了绝对定位的子元素 .search 能参
照它进行定位 */

    }

    header .search{

            position: absolute; /* 设置绝对定位，参照 header 元素定位 */

            top:5px;

            right: 10px;

            width: 200px;

            padding: 0 20px;       /* 内边距上下为 0，左右 20px */

            background-color: white;

            border-radius: 20px;    /* 设置圆角边框 */

    }

    .search form{

            width: 200px;

            height: 40px;

            position: relative;

    }

    input,button{

            border: none; /* 去除默认边框线 */

            outline: none; /* 去除默认轮廓线 */

    }

    input{

            width: 150px;

            height: 40px;

            padding-left: 13px;

    }

    button{

            position: absolute; /* 设置搜索按钮绝对定位，参照其父元素 form 定位 */

            top:3px;

            right: 2px;
```

```
            background-color: white;
    }
    aside{
            float: right; /* 侧边栏右浮动 */
            width: 280px;
            margin-top: 10px; /* 上外边距为 10 像素 */
    }
    #tag{
            border-radius: 20px; /* 设置分类标签模块圆角边框 */
            background: #F9F8EC;
            padding: 8px; /* 内边距为 8 像素 */
    }
    #tag h3{ /* 设置分类标签标题样式 */
            border-left: 5px solid #7B4C06;
            margin: 5px 10px;
            padding-left: 8px;
            font-size: 18px;
    }
    .label{ /* 设置标签表格样式 */
            margin: 5px;
            width: 95%;
    }
    .label td{ /* 设置每一个标签单元格样式 */
            border: 1px solid #e8e5c5;
            border-radius: 8px;
            width: 30%;
            padding: 6px 0;
            text-align: center;
    }
    .ad{ /* 设置广告位样式 */
            height: 200px;
            border-radius: 20px;
            background: #F9F8EC;
            padding: 10px;
            margin-top: 10px;
            text-align: center;
    }
    article{
```

```css
        float: left;  /* 设置诗词推荐模块左浮动 */
        width: 640px;
        margin-top: 5px;
    }
    .tj{  /* 设置诗词推荐模块中每一个诗词小模块的样式 */
        margin: 10px 0;
        background: #F9F8EC;
        padding: 15px 20px;
    }
    .tj h3{ /* 设置诗词标题样式 */
        margin: 5px 0;
        color:#073A7D;
        font-size: 16px;
        font-family:' 微软雅黑 ';
    }
    .tj p{ /* 设置诗词段落样式 */
        margin: 8px 0;
        line-height: 1.5; /* 设置 1.5 倍的行高 */
    }
    .tj .poet{ /* 设置诗词作者样式 */
        font-size: 12px;
         color: gray;
    }
    .tj .op{  /* 设置诗词菜单栏样式 */
        margin: 5px;
        text-align: right;
        color: dimgray;
        font-weight: bold;
        font-family: ' 楷体 ';
    }
    footer{ /* 设置页脚样式 */
        clear: both; /* 清除两侧浮动 */
        text-align: center;
        padding: 8px;
    }
```

【运行结果】

源代码的运行结果如图 12-18 所示。

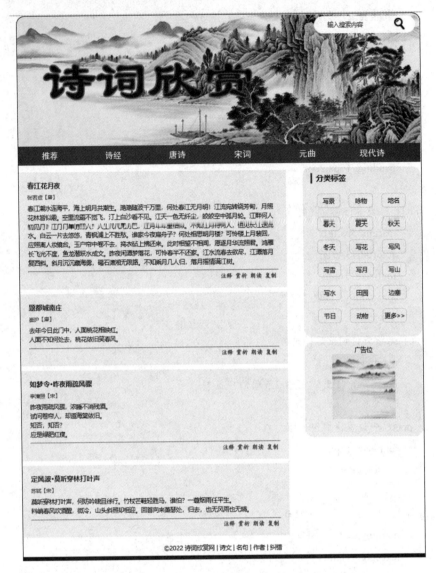

图 12-18　页面运行结果

【案例分析】

本案例布局结构为常见的上中下结构：

(1) 页面最外围的容器为 "<div id="container">"，它包裹了页面中所有的元素，为它设置 "margin: 0 auto;" 样式，使其水平居于浏览器中部。

(2) 头部使用 <header> 标签定义，内部包含 banner 图、导航及搜索栏，搜索栏使用绝对定位方式居于 header 元素右上方。

(3) 页面中部为侧边栏模块和诗词推荐模块，分别使用 <aside> 标签和 <article> 标签定义。侧边栏使用浮动布局 "float: right;" 实现右对齐，内部包含分类标签模块和广告位模块，分类标签使用表格定义。诗词推荐模块使用浮动布局 "float: left;" 实现左对齐，内部使用 "<div class="tj">" 标签定义各诗词小模块。

(4) 页脚使用 <footer> 标签定义，因其上面的两个兄弟元素 aside 和 article 都设置了浮动，所以要为 footer 元素设置样式 "clear: both;" 清除两侧的浮动。

思考与练习题

一、选择题

1. 下列选项中，不是盒子模型相关属性的是（　　）。

A. padding
B. font-size
C. border
D. margin

2. 设置外边距使用的属性是（　　）。

A. width
B. padding
C. margin
D. border

3. 要将行内元素转换为块状元素，设置 display 属性为（　　）。

A. block
B. inline
C. contents
D. none

4. 下列定位方式中，相对于最近的定位祖先元素进行定位的是（　　）。

A. 相对定位
B. 固定定位
C. 绝对定位
D. 静态定位

5. 定义弹性子元素如何分配父元素的空白空间的属性是（　　）。

A. display
B. order
C. align-self
D. flex

二、填空题

1. 设置内边距样式为 "padding:20px 5px;"，其表示的含义是 _____。
2. 设置某元素右浮动的 CSS 样式代码是 _____。
3. 要设置元素为弹性容器，需要设置 CSS 样式 _____。

三、简答题

1. 简述什么是盒子模型？
2. 定位布局的 position 属性有哪些取值？

参 考 文 献

[1] 传智播客高教产品研发部. HTML5＋CSS3网站设计基础教程. 北京：人民邮电出版社，2016.

[2] 姬莉霞，李学相. HTML5＋CSS3网站设计与制作案例教程. 2版. 北京：清华大学出版社，2020.

[3] 黑马程序员. HTML5＋CSS3网站设计与制作. 北京：人民邮电出版社，2020.